跟高手学 BIM——

Revit 建模与工程应用

中国建筑科学研究院
建研科技股份有限公司 　编

中国建筑工业出版社

图书在版编目（CIP）数据

跟高手学 BIM——Revit 建模与工程应用/中国建筑科
学研究院，建研科技股份有限公司编. —北京：中国建
筑工业出版社，2016.7
ISBN 978-7-112-19390-5

Ⅰ.①跟… Ⅱ.①中… ②建… Ⅲ.①建筑设计-计
算机辅助设计-应用软件 Ⅳ.①TU201.4

中国版本图书馆 CIP 数据核字（2016）第 087053 号

本书分基础篇与提高篇两篇共 6 章，以实际工程项目施工阶段 BIM 应用过程
为主线，介绍了用 Revit 软件进行项目创建，以及结构、建筑、建筑设备专业建
模的方法，串联了软件操作、项目管理、各方协同等工作要点。本书适合从事
BIM 建模的建筑、结构、机电设备专业人员学习参考。

责任编辑：李天虹
责任设计：李志立
责任校对：刘梦然　张　颖

跟高手学 BIM——Revit 建模与工程应用
中国建筑科学研究院　建研科技股份有限公司　编
*
中国建筑工业出版社出版、发行（北京海淀三里河路 9 号）
各地新华书店、建筑书店经销
北京佳捷真科技发展有限公司制版
北京市安泰印刷厂印刷
*
开本：787×1092 毫米　1/16　印张：15½　字数：385 千字
2016 年 7 月第一版　2018 年 3 月第三次印刷
定价：**42.00** 元
ISBN 978-7-112-19390-5
（28653）

编　委　会

前　言

21世纪建筑行业的发展，机遇与挑战并存，理念的革新、技术的更替已成为这一时期不可或缺的思考。在这一场涉及全行业人员的技术变革中，BIM以其全新的视角与显著优势成为这一时期量变到质变的又一标志。其内涵与外延早已超出技术本身的范畴，延伸至建筑工程行业全流程数据化管理的各方面。2006年美国建筑师协会曾发出一项预警：不懂建筑信息模型（Building Information Modeling）的建筑师将在不久的将来失去竞争机会。

近十年来，BIM技术的应用在美国、英国、北欧、新加坡、中国香港等国家和地区的建筑工程领域硕果累累。这一讯息给予中国大陆本土工程师诸多希望与思考，并自此开启了BIM发展的"中国梦"。2011年，住房和城乡建设部发布《2011～2015年建筑业信息化发展纲要》，明确"十二五期间，基本实现建筑企业信息系统的普及应用，加快建筑信息模型（BIM）、基于网络的协同工程等新技术在工程中的应用，推动信息化标准建设"。2015年，为贯彻《关于印发2011～2015年建筑业信息化发展纲要的通知》（建质〔2011〕67号）和《住房城乡建设部关于推进建筑业发展和改革的若干意见》（建市〔2014〕92号）的有关工作部署，明确了发展目标："到2020年末，建筑行业甲级勘察、设计单位以及特级、一级房屋建筑工程施工企业应掌握并实现BIM与企业管理系统和其他信息技术的一体化集成应用。到2020年末，以下新立项项目勘察设计、施工、运营维护中，集成应用BIM的项目比率达到90%：以国有资金投资为主的大中型建筑；申报绿色建筑的公共建筑和绿色生态示范小区。"

作为中国国家BIM标准编制单位与中国BIM发展联盟发起单位，中国建筑科学研究院一直致力于BIM技术在中国国内市场的应用研究，以理念探索者、实践应用者、技术研发者的多重身份规范并引领国内BIM市场。为有效推进国家BIM政策的实施，协助各参与方顺利完成技术过渡，特组织我院BIM技术研发中心经验丰富的一线工程师编写本书。

本书内容结合我院近5年工程实践经验，以实际工程项目施工阶段BIM应用过程为主线，串联软件操作、项目管理、各方协同等工作要点，做到知、行合一。帮助读者在熟悉软件操作功能的同时获取工程实践基础常识。

全书主要内容与编写分工如下：

顾问：王静

主编：张志远

副主编：曹乐

前言（肖婧）

基础篇

第1章　Revit软件简介　介绍软件安装配置与方法、界面与常用功能（霍光辉、臧

4

轶彬）

第 2 章　项目创建　介绍工程建模前期准备工作（肖婧）

第 3 章　结构专业建模（董立涛、李兴龙、张凯）

第 4 章　建筑专业建模（贾维露、张文）

第 5 章　建筑设备（MEP）专业建模（方理刚、郝学潮、臧轶彬）

提高篇

第 6 章　工程应用　介绍模型搭建完成后的后期数据处理（肖婧、曹乐、贾维露、董立涛）

项目简介

中国建筑科学研究院物理所科研楼项目位于北京市西城区车公庄大街 19 号，总建筑面积 21155.26m²，其中地上 10 层，地下 4 层，建筑总高 42.8m。项目承建方为中国建筑技术集团。为有效推进工程建设进度，提高工程质量，实现全产业链的信息集成、共享与协作，特聘建研院 BIM 咨询部为技术指导，全面推行基于 BIM 技术的施工过程管理。

由于本书编写时间有限，内容难免有所疏漏。欢迎读者通过出版社，与编委会讨论交流。您也可以直接与主编联系，邮箱：807317689@qq.com。您的意见与建议是我们不懈努力、奋力前行的动力源泉。

编委会

2016 年 3 月于北京

目　录

提　高　篇

基础篇

第 1 章　Revit 软件简介

BIM（建筑信息模型，Building Information Modeling），是以包含各类数据信息的建筑物模型为基础，以计算机技术为支撑，以利用数字技术对项目从规划、设计、施工、运维阶段进行全生命周期的应用及管理为目的的一门技术。利用 BIM 技术结合建设项目信息建立起的"可视化"数字建筑模型称为"BIM 模型"，把支持先进三维数字化设计以实现 BIM 技术的载体称为"BIM 软件"。

Revit 是 Autodesk 公司出品的一套系列软件的名称，是目前我国建筑业 BIM 体系中使用最广泛的软件之一。

专为建筑信息模型而设计的 Autodesk Revit 系列软件，其创新的概念设计功能能够帮助用户在建筑前期规划设计中利用三维数字技术表达创作构思，并在之后的设计、施工、运维整个流程中持续改进、优化个人的设计理念。

Revit 系列软件有以下特性：

（1）可视化。通过 Revit 软件建立的建筑物三维立体模型在项目设计、施工、运维等整个建设过程实现全程可视化，真正做到"所见即所得"。

（2）协调性。各专业在项目流程中进行综合、协调，利用软件的"碰撞检查"及协同设计功能，提前发现并解决各专业间的不协调因素以及找到解决存在问题的方案。

（3）模拟性。在设计阶段进行节能模拟、日照模拟从而选择更好的设计方案，在施工阶段进行施工工艺及专项施工方案模拟指导施工，以及后期运营阶段可以进行逃生演习、消防人员疏散等日常紧急情况的处理方式的模拟。

（4）可优化性。对项目设计方案优化可以使业主节省投资，对施工难度大和安全隐患多的节点、工序进行优化，可以显著节省工期和降低项目造价。

（5）可出图性。强大的模型与图纸联动功能，不仅保证了设计与图纸的一致性与可靠性，而且经过协调、模拟、优化以后的图纸能够更好地为后期施工及运营提供保障。

AutodeskRevit 现在作为一种应用程序提供，它结合了 Autodesk Revit Architecture、Autodesk Revit MEP 和 Autodesk Revit Structure 软件的功能。[1]

AutodeskRevit 系列从 2013 版本开始将 Autodesk Revit Architecture、Autodesk Revit MEP 和 Autodesk Revit Structure 三款软件整合成为 Autodesk Revit 一款软件整体安装，本教材以 Autodesk Revit 2016 版本做详细讲解。

1.1　Revit 软件安装所需硬件配置

下文提供 Autodesk Revit 2016 系列产品的系统要求，产品包括：Autodesk Revit、Autodesk Revit Architecture、Autodesk Revit MEP 和 Autodesk Revit Structure。着重介

绍以上产品的入门级配置、性能价格平衡配置及性能优先配置，Revit 2016 各级别配置详情见表 1.1.1[2]。

硬件配置表　　　　　　　　　　　　　　表 1.1.1

	入门级配置	性能价格平衡配置	性能优先配置
操作系统	Microsoft® Windows® 7 SP1 64 位： Windows 7 企业版、旗舰版、专业版或家庭高级版； Microsoft® Windows® 8 64 位： Windows 8 企业版、专业版或 Windows 8； Microsoft® Windows® 8.1 64 位： Windows 8.1 企业版、专业版或 Windows 8.1		
CPU 类型	单核或多核 Intel® Pentium®、Xeon® 或 i 系列处理器或采用 SSE2 技术同等 AMD®	多核 Intel®、Xeon® 或 i 系列处理器或采用 SSE2 技术同等 AMD®	多核 Intel®、Xeon® 或 i 系列处理器或采用 SSE2 技术同等 AMD®
	CPU 建议高主频，Revit 软件产品将进行许多使用多核的任务，最多需 16 核进行接近照片级的渲染操作		
内存	4 GB RAM 通常足够一个大小约占 100MB 磁盘上模型的常见编辑会话	8 GB RAM 通常足够一个大小约占 300MB 磁盘上模型的常见编辑会话	16GB RAM 通常足够一个大小约占 700MB 磁盘上模型的常见编辑会话
	以上评估基于内部测试和客户报告。个人模型因其使用计算机资源和性能特点会有所不同。在一次性升级过程中及旧版 Revit 软件产品中创建模型可能需要更多的可用内存		
视频显示	1280×1024 真彩色	1680×1050 真彩色	1920×1200 真彩色
视频适配器	Autodesk 建议使用支持 DirectX® 11(或更高版本)及 Shader Model 3		
磁盘空间	5G 可用磁盘空间	5G 可用磁盘空间	5G 可用磁盘空间 10000＋RPM(用于点云交互)
浏览器	Microsoft® Internet Explorer® 7.0(或更高版本)		
连接	Internet 连接,用于许可证注册和必备组件下载		

1.2　Revit 软件安装

Revit 2016 安装过程如下：

一、运行软件安装包，在弹出的窗口中选择安装语言（中文简体）后点击【安装】，如图 1.2.1 所示。

二、接受"许可协议"后，点击【下一步】，如图 1.2.2 所示。

三、选择"我想要试用该产品 30 天"或者输入 Autodesk Revit 2016 正版序列号及产品密钥后，点击【下一步】，如图 1.2.3 所示。

四、选择程序安装路径，需注意路径中不能出现中文路径，点击【安装】，如图 1.2.4 所示。

图 1.2.1 Revit2016 安装程序启动界面

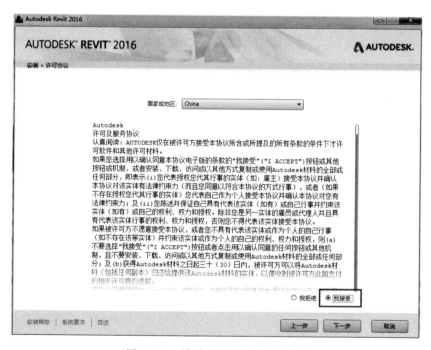

图 1.2.2 接受"许可及服务协议"

　　五、等待程序安装。安装时间因各机器配置性能不同而有所差异，其中"Autodesk Revit Content Libraries 2016"需联接网络下载组件，需要耐心等待，如图 1.2.5 所示。

　　六、安装完成后，会提示"您已成功安装选定的产品"，如图 1.2.6 所示。

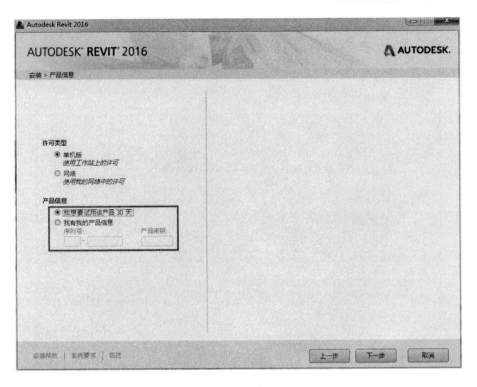

图 1.2.3　产品许可界面

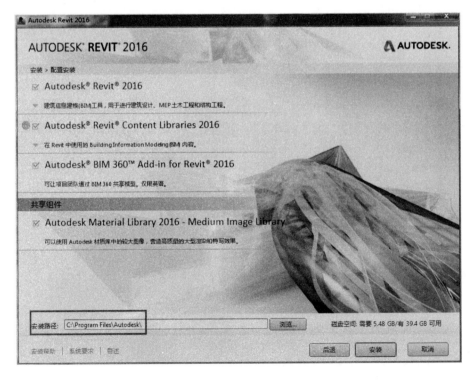

图 1.2.4　输入安装路径

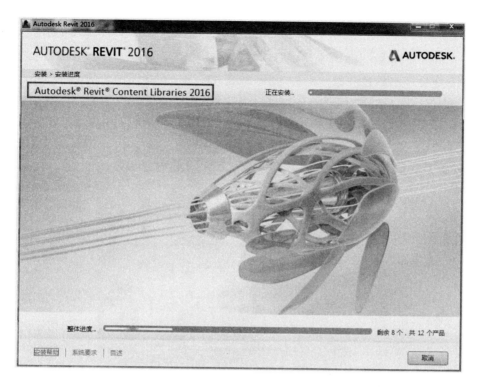

图 1.2.5　安装进度显示

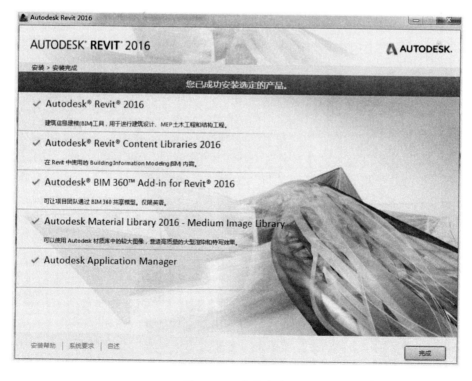

图 1.2.6　安装完成

1.3　Revit 界面介绍

Revit 2016 采用 Ribbon 界面。Ribbon 即功能区，是一个收藏了命令按钮和图示的面板。功能区把命令组织成一组"标签"。每一组"标签"包含了相关的命令。不同的标签组展示了程序所提供的不同功能。用户可以针对操作需要，更快速简便地找到相应的功能。Revit 常用的项目界面与功能区划分如图 1.3.1 所示。

图 1.3.1　Revit 主界面

一、应用程序菜单

应用程序菜单主要提供对常用 Revit 工程文件的操作访问，例如"新建"、"打开"、"保存"、"另存为"、"导出"等常用文件操作命令。单击软件左上侧的"R"按钮后，即可打开应用程序菜单。其中"新建"、"打开"、"保存"及"另存为"菜单与 AutoCAD 非常类似，使用过 CAD 系列软件的人不会对 Revit 菜单感到陌生。而其中的"导出"菜单提供了 Revit 支持的数据格式，其目的是与其他软件如 Autodesk 3ds Max、Autodesk CAD 等进行数据文件交换，给使用者提供了更多的方便。另外，Revit 最近打开及新建的项目及族文件均会有历史记录，也便于使用者快速打开最近使用的文件，提高设计效率。应用程序菜单如图 1.3.2 所示。

在 Revit 2016 中点击应用程序菜单中的"选项"命令会弹出"选项"对话框。用户可看到"常规"、"用户界面"、"图形"等一系列选项卡。其中，在"常规"选项卡可以设置如"用户名"、"保存提醒间隔"。在"用户界面"选项卡中可以设置使用"快捷键"及鼠标"双击选项"等系统参数值。"快捷键"设置方法如图 1.3.3 所示。

在"图形"选项卡下可以调节"背景"颜色、"选择项"颜色等与色彩有关的设置。Revit 2016 可以将背景设置为任意颜色，而 Revit 2014 中只能通过"反转背景色"按钮将背景设置为黑白两色。Revit 2016 与 Revit 2014 绘图区域背景色设置对比如图 1.3.4 所示。

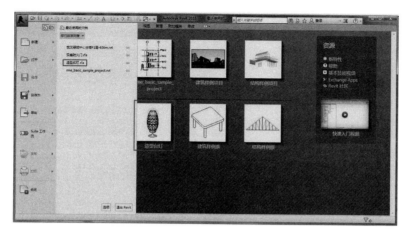

图 1.3.2 应用程序菜单

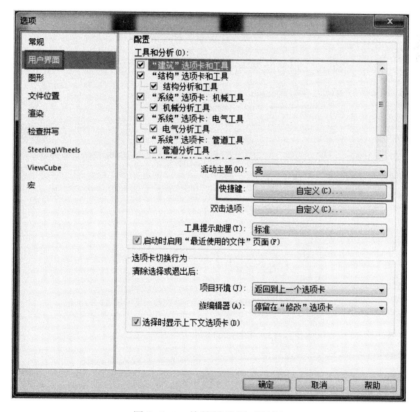

图 1.3.3 快捷键设置对话框

二、快速访问工具栏

"快速访问工具栏",顾名思义是放置常用命令和按钮的集合。它提供快速使用这些常用命令和按钮的快捷操作方式,提高使用效率。"快速访问工具栏"的内容是可以定制的。单击"快速访问工具栏"后的" ▾ "按钮后,弹出"快速访问工具栏"的相关内容。点击"自定义快速访问工具栏"标签后,可以对这些命令进行"上移"、"下移"、"删除"等操

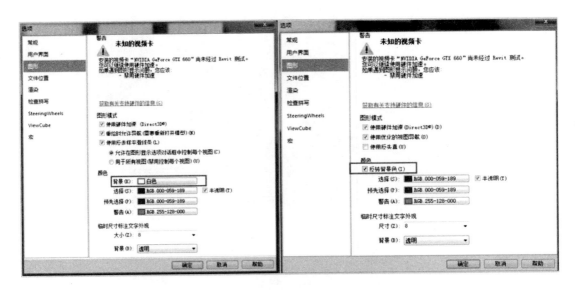

图 1.3.4　背景颜色设置界面

作，如图 1.3.5 所示。另外，想要将常用的命令增加至快速访问工具栏，只需要在该命令按钮单击右键并选择"添加到快速访问工具栏"命令即可。

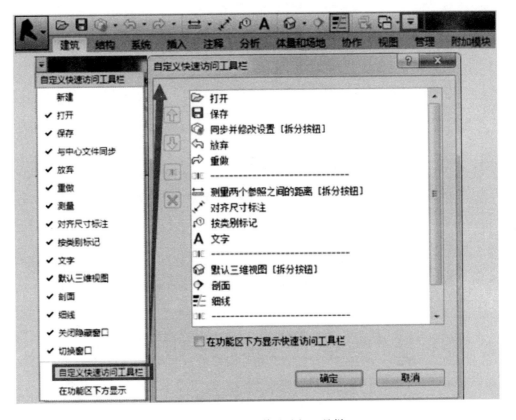

图 1.3.5　自定义快速访问工具栏

三、功能区

"功能区"，即 Revit 中建模所需要的主要命令区域。"建筑"、"结构"、"系统"等标签分别包含其专业内一系列建模命令按钮。点击相应按钮后即可实现模型的绘制功能或者参数设置。功能区一般包括为"主按钮"、"下拉按钮"、"分隔线"，如图 1.3.6 所示。

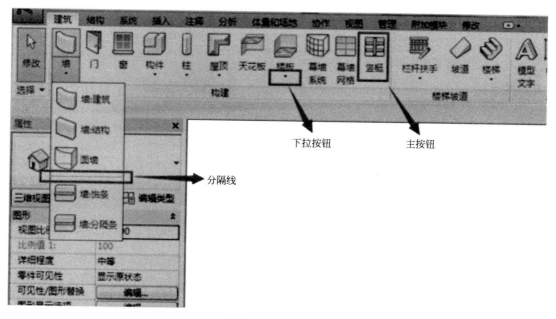

图 1.3.6 功能区

个别建模命令按钮除了"主按钮"可以点击外，还可以点击"下拉按钮"，使用程序提供的附加相关工具。而"分隔线"则把"下拉按钮"中常用工具与附加工具进行区分，以便归类使用。

单击功能区"⬛▾"按钮的右侧下拉按钮后，弹出如下选项，如图 1.3.7 所示。此为功能区的显示样式选项。而左键单击"⬛▾"按钮后，则会对功能区的显示方式进行切换。

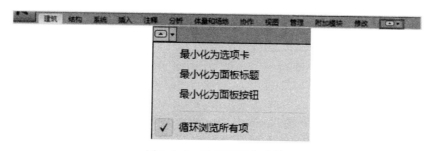

图 1.3.7 功能区下拉菜单

图 1.3.8 从上到下 1～4 项分别为"完整功能区"、"最小化为面板按钮"、"最小化为面板标题"、"最小化为选项卡"4 种功能区显示样式类型，目的是用户可以根据习惯调节绘图区域的大小。

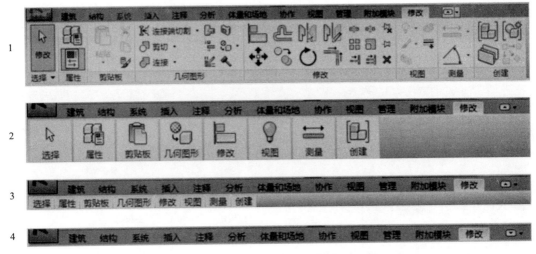

图 1.3.8　功能区显示样式

四、上下文选项卡

当点击某些命令按钮后，会因该命令的自身特殊性自动增加该命令相关的"上下文选项卡"，其中包含了只与该命令工具及图元相关的命令可选项。例如，当点击"建筑"选项卡中"构建"标签中的"楼板"命令时，会在原先的"上下文选项卡"增加与"楼板"命令相关的选项，如"边界线"、"坡度箭头"等，如图 1.3.9 所示。

图 1.3.9　上下文选项卡

五、属性对话框

Revit "属性"对话框，是用来查看和修改图元参数值的主要渠道，是了解建筑信息的主要来源，也是模型修改主要工具之一。用户可以点击"类型选择器"更换图元的类型，也可点击"类型属性编辑器"修改目前点选图元的类型属性，以及在实例属性区域修改相应图元的实例属性值。"属性"对话框默认在 Revit 界面的左侧，用户也可以根据实际使用情况，按住左键不放拖动"属性"对话框至所需位置。图 1.3.10 为建筑模型"基本墙—常规—200mm"的基本属性。

六、项目浏览器

Revit 中项目浏览器是用于显示当前项目中所有视图、明细表、图纸、族、组、链接的模型和其他部分的逻辑层次。点击这些层次前的"＋"可以展开分支，"－"可以折叠各分支，如图 1.3.11 所示。

在项目浏览器中，用户可以查找在项目中的所有族文件，查看所有的平面视图、图纸，选择图元后点击右键后可进行相应的"复制"、"删除"等操作。使用项目浏览器的熟练程度会影响模型的建立速度，读者需要熟练掌握。

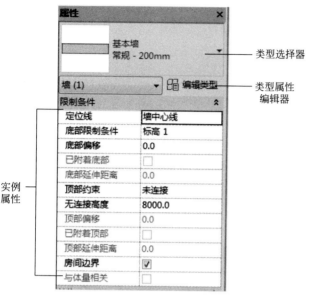

图 1.3.10 属性对话框

图 1.3.11 项目浏览器

七、状态栏

"状态栏"是对用户当前使用的命令操作的状态提示，也是使用该命令时的相关技巧或提示。例如，启动命令"墙"，状态栏会显示有关当前命令的后续操作的提示。"状态栏"界面如图 1.3.12 所示。由于"状态栏"位于 Revit 应用程序界面框架的最底部，位置不是很明显，因此初学者会经常忽略。但用户应该在使用命令时多加关注状态栏，提示中的一些小技巧会使建模事半功倍。

图 1.3.12 状态栏

八、视图控制栏

视图控制栏位于状态栏界面上方，样式如图 1.3.13 所示。通过点击相应的按钮，可以快速对影响绘图区域功能的选项进行视图控制。视图控制栏中按钮从左向右依次是：

图 1.3.13 视图控制栏

- 比例
- 详细程度（粗略、中等、精细 3 种）
- 视觉样式（线框、隐藏线、着色、一致的颜色、真实及光线追踪 6 种模式）
- 打开/关闭日光路径
- 打开/关闭阴影

- 显示/隐藏渲染对话框（仅当绘图区域为三维视图时可用）
- 打开/关闭裁剪区域
- 显示/隐藏裁剪区域
- 锁定/解锁三维视图
- 临时隐藏/隔离
- 显示隐藏的图元
- 临时视图属性
- 显示/隐藏分析模型
- 高亮显示位移集
- 显示/隐藏约束

九、View Cube

View Cube 是 Revit 软件提供的三维导航工具。它用于指示已打开三维模型的当前视图方向。用户可以在 View Cube 中点击相应的方向使三维模型快速定位至该方向。View Cube 样式如图 1.3.14 所示。

图 1.3.14　View Cube

十、导航栏

导航栏默认是在 Revit 界面的右侧区域，主要是用于访问导航。其中的"全导航控制盘"可提供如"缩放"、"平移"、"漫游"等操作。图 1.3.15 中从左至右 1~3 项分别为"导航栏默认样式"、"导航栏点击下拉按钮可选样式"及"全导航控制盘样式"。

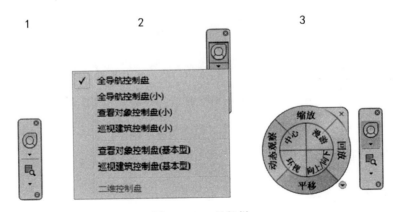

图 1.3.15　导航栏

十一、信息中心

信息中心是 Revit 软件为用户提供的在线交流媒介，可以通过信息中心快速进入 Revit 帮助中心以及登录 Autodesk A360，获取 Autodesk 公司的相关服务，见图 1.3.16。

图 1.3.16　信息中心

1.4　Revit 术语

一、项目

BIM，因其以包含各类数据信息的建筑物模型为基础才有"建筑信息模型"这个名称。在 Revit 这款 BIM 软件中，"项目"的含义是构建此建筑物的若干数量的建筑构件（如墙、梁、板、柱、管道、电缆桥架、机械设备等）的集合体，是该建筑模型的信息的载体和数据库。

"项目"文件中不仅可以包含构件的几何尺寸、提供厂商、价格、流量、性能参数等信息，而且包含这些建筑信息构件组成的视图（平面、立面、剖面、三维等视图）、设计图纸、构件明细表以及渲染图等建筑设计的最终输出产物。图 1.4.1 为 Revit 建筑样例项目"rac_basic_sample_project"平面视图、三维视图、设计图纸、渲染图展示。

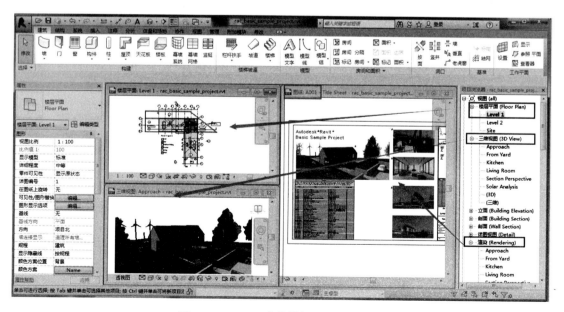

图 1.4.1　Revit 建筑样例项目局部截图

二、图元

图元是 Revit 软件中可以显示的模型元素的统称。它可以是柱、梁、墙、管道这样的实体，也可以是抽象的轴线或标高，还有可能是施工图表达中的标注或视角。图元包含的内容很庞杂，为了理清思路我们对图元做了三级分类："模型图元"、"基准面图元"和"视图专用图元"。每类图元还可以细分成子类，每个子类包含多种类型。三种不同类型的图元及其示例之间的关系，如图 1.4.2 所示。

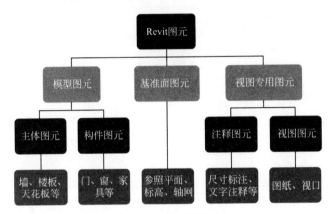

图 1.4.2　图元分类树

下面详细介绍各类图元的特点：

1. 模型图元

模型图元分成"主体图元"和"构件图元"两类。

"主体图元"是 Revit 软件中模型的主要组成单元。主体图元的参数由系统预先设置，用户不能随意添加参数，只能通过复制主体图元类型后修改预先设置的参数以达到创建新的主体图元的目的。常见的主体图元有：墙、楼板、天花板、屋顶、场地等。

"构件图元"是 Revit 软件中第二类模型图元，用户可以自行设计图元的形式、类型，添加各种参数，以满足参数化设计多样性。常见的构件图元有：门、窗、家具、常规模型及机械设备等。

"构件图元"中的部分图元有依附主体图元的特性。如门、窗这类模型构件，在 Revit 项目中无法直接放置此类图元，必须依附于墙这类主体图元。而且在设计过程中用户删除主体图元中的墙，则墙上的"构件图元"如门、窗等也随之消失，这点需要使用者特别注意。

图 1.4.3 的左侧是窗布置时如果超出墙体范围，Revit 提示"不能将插入对象放置在主体之外，将不会复制这些图元"，右侧是窗布置时选择墙体并可正确放置对比图。

2. 基准面图元

基准面图元包括：标高、轴网和参照平面等。

建筑的定位信息是模型准确性的基础，也是施工的主要依据。建筑沿高度方向的定位信息通常采用"标高"来描述。建筑在水平面内的定位信息采用"轴线"来描述。基准面图元确定模型中构件的空间位置。

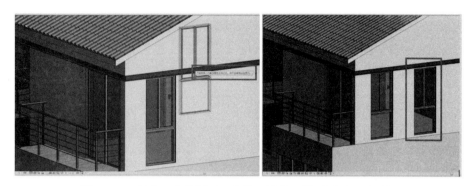

图 1.4.3　门窗（构件图元）依赖于墙体（模型图元）的示例

"标高"是无边界的水平平面，用作屋顶、楼板和天花板等以标高为主体的图元的参照，以及墙、柱等图元的顶面、底面限制条件。标高实际上是三维空间高度方向的相互平行的一系列平面。标高的创建也可为后期项目设计时提供了相应的视图平面。

"轴网"顾名思义是由建筑"轴线"组成的网，可以是直线，也可以是弧线。在 Revit 软件中，"轴网"是有范围的。仅在与"轴网范围"相交的视图中三维图元才是可见的。

某大型公建项目标高与轴网局部展示见图 1.4.4。

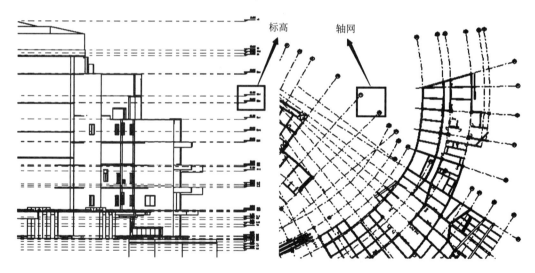

图 1.4.4　标高与轴网

"参照平面"是精确定位、绘制轮廓形状、设置辅助线等功能的重要辅助工具。参照平面在 Revit 项目中，可以在各标高对应的楼层平面中显示，但其在三维视图不显示。另外，参照平面在创建族文件时的作用非常重要，绝大多数模型形状上的参数驱动是通过控制参照平面间的距离实现的。"参照平面"的介绍与运用在后面会详细介绍。

3. 视图专用图元

视图专用图元包括注释图元和视图图元两大类。

"注释图元"：常用的"注释图元"包括尺寸标注、详图、文字注释、标记和符号等。图 1.4.5 是介绍案例中的尺寸标注、文字注释、房间标记等内容。

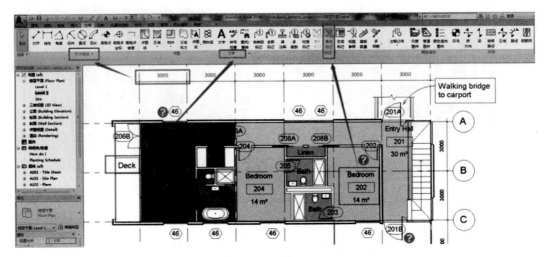

图 1.4.5　注释图元示例

用户可以根据设计应用的需要，自行设计相应的"注释图元"的样式。另外，Revit 中的"注释图元"与其标注、标记的对象之间具有特定的关联，当被标注、标记对象的参数（如长度、名称）发生改变时，其"注释图元"也会自动修改。这体现了 Revit"一处修改、处处更新"的特点。

"视图图元"：常用"视图图元"包括楼层平面、天花板平面、三维视图、立面、剖面，明细表及图纸等。Revit2016 自带的建筑样例项目"rac _ basic _ sample _ project"的"视图图元"如图 1.4.6 所示。

楼层平面、天花板平面、三维视图、立面、剖面这些视图都是建筑三维模型的相应空间位置的全方位表达。这些视图既独立又关联。每个视图都可以对其范围的建筑模型图元进行可见性、详细程度及视图范围等设置，如图 1.4.7 所示。

只有对项目中相应的视图图元（即楼层平面、三维视图等）平面进行设置并加以相应的标注及注释之后才能形成相应的图纸，完成设计方案平面表达的目的，如图 1.4.8 所示。

图 1.4.6　Revit 某自带项目的"视图图元"

三、族

Revit 作为一款参数化设计软件，广受欢迎主要得益于 Revit 中的参数化构件——"族"（family）。"族"在 Revit 中是建筑设计的基础与核心。Revit 软件的一个优点是用户可通过系统预定义的各种样板，无需了解编程语言或代码，只需要对模型形体或者参数进行约束及定义（如尺寸、材质、可见性等一系列参数），便能够创建相应的参数化构件。

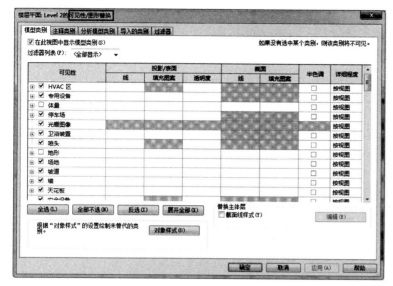

图 1.4.7 图元可见性设置

图 1.4.8 样例项目图
纸明细截图

在 Revit 项目文件中除参照平面、详图线、模型线、幕墙网格线等用于辅助、定位的这些图元外，基本上其他的图元都是"族"。参数化构件"族"的范围在 Revit 中的定义很广。显而易见，三维建筑形体（模型图元）是族文件，但项目中的标高、轴网、图纸及明细表等图元也是族文件。这些含有构件信息参数的数据图元，不仅对于整个建筑物的信息采集是非常必要的，而且更有助于用户对独立的建筑构件（族）本身及项目进行修改。

AutodeskRevit 的族分类有以下三种，如表 1.4.1 所示。

族 类 别 表   表 1.4.1

族 分 类	来 源	常 用 示 例	可否用于其他项目
系统族	软件自带	墙、楼板、标注等	是
内建族	当前项目创建	当前项目创建的特定对象	否
标准构件族	单独族样板创建	提前创建的构件和图元	是

1. 系统族

"系统族"是在 Revit 中预定义的族。用户可以复制和修改现有"系统族"，但不能创建新"系统族"。"系统族"可以分为如下两类：

一类是在项目中有实体的建筑构件，即上文介绍的模型图元中的主体图元，例如墙、楼板、天花板、屋顶等；

另一类是在项目中没有实体，为 Revit 预定义的图元，主要包含基准面图元中的标高、轴网以及视图专用图元中的标注、注释、视口、明细表等。图 1.4.9 为楼层平面该系统族的属性信息。

2. 内建族

内建族是当前项目中创建的模型图元或者注释图元。内建族只能在当前项目中创建，且只能用于该项目的特定对象。

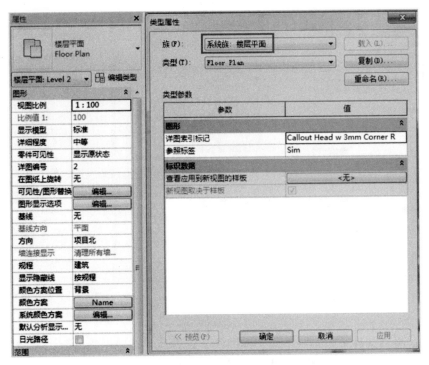

图 1.4.9　楼层平面（系统族）属性信息

3. 标准构件族

标准构件族，是通过 Revit 族样板创建而成。在族编辑器中，通过对族文件中创建的模型形体进行约束以及对所需参数进行定义（如尺寸、材质、可见性），便能够创建出功能强大的参数化构件。图 1.4.10 为某项目中标准构件族（窗 C3415）。

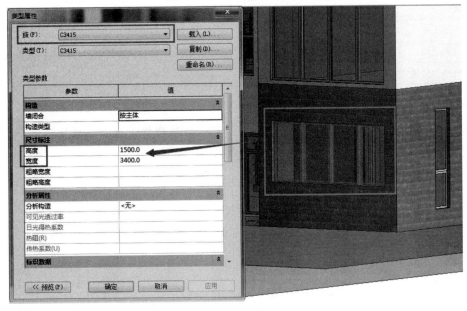

图 1.4.10　某项目的标准构件族（窗）

标准构件族不仅可以添加或修改参数，还可以根据该构件在项目中的使用场景选择多样的族样板来满足使用需求，例如基于墙的族样板创建的构件，只能在项目中的墙这类主体上才能放置，遵循墙的放置规律，从而保证了设计的精确性。标准构件族可以在项目外单独存储，并可将其载入到任意项目中，这样灵活的复用性也极大地提高了设计效率。

四、类别

Revit 中"类别"的含义是指对 Revit 中的图元进行大致分类，目的是在项目中把图元进行归档与整理，更有利于图元在设计时的检索与使用。具体含义可以通过上文讲的图元与族的概念进行理解。

"类别"可以理解为族的类别，项目中族文件可以在"项目浏览器"中的"族"分支下查看，不同的族文件通过类别进行分类。例如，同样外形和参数的柱，"柱"与"结构柱"对应的类别是有差异的，如图 1.4.11 所示。"柱"在 Revit 中代表的是建筑柱，即使形体与参数完全相同，若类别不同，则其最终归类和统计的方式就不一样，在后期整体项目模型的工程量统计及算量分析过程中，充当的角色也不尽相同，因此必须严格区分。

图 1.4.11　族类别表

对于通过族样板创建的标准构件族文件，在其创建时首先就是选择不同的族样板，如图 1.4.12 所示。不同的族样板多数对应不同的族类别，因此不同的族样板创建出的族的类别是不同的。

图 1.4.12　选择族样板

注：偶尔会出现使用不同的族样板最终会创建生成同样的族类别的现象。这是因为该类别族文件在项目中是基于不同的主体而创建。

Revit 软件根据常用的场景，默认设置了各式样板，以满足更加多样化的使用需求，从而使参数化设计的性能更加合理。

五、类型

前面提到，不同的族的分类，称为"类别"；而同一个族的不同参数对应的图元，则称为"类型"。

类型可以认为是 Revit 参数化设计的另一个优势，对于同一建筑图元的不同型号规格的模型，不需要分别对不同型号规格的图元进行多次建模。同一族文件的不同族类型在创建时，只需要更改特定参数即可，减少了同一系列模型反复建模的工作量。另外模型引用可以通过加载一个族文件实现，有效地提高了设计效率。

例如：Revit 某推拉门族文件里包含若干种门洞尺寸的不同族类型，如图 1.4.13 所示。

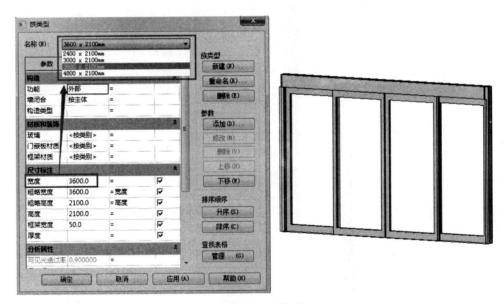

图 1.4.13　族类型

六、实例

在 Revit 软件中，实际存在于当前项目中图元称为"实例"。

"实际存在"的含义是指在项目中的某个特定的位置可以找到该类型图元，否则意味着在该项目中不存在该类型图元的实例。如图 1.4.14 所示，在项目中使用"四扇推拉门"该族文件时，从"最近使用的类型"里可以看出，图中两个推拉门实例分别是"2400×2100mm"和"4800×2100mm"两个族类型，而"3000×2100mm"和"3600×2100mm"两个族类型未使用，意味着在该项目中不存在其实例文件。

换一种表达方法："实例"相当于构件（"类型"）在项目中的实际应用，"类型"相当于构件的形状的信息描述。项目中有"实例"就一定有"类型"，但有"类型"不一定有"实例"。

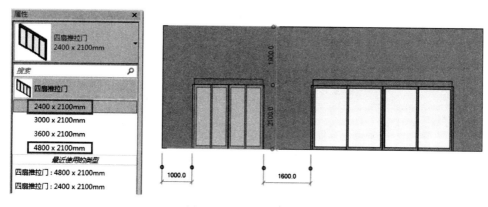

图 1.4.14　推拉门实例

"实例"与"类型"是两个不同的概念,需要用户在项目中不断地加深理解。

1.5 Revit 常用功能详解

在 Revit 中有一些常用命令和功能,熟练运用这些命令和功能可以更有效率地进行建模,减少不必要的操作和失误。以下对这些命令和功能作出介绍:

一、基本修改命令

"剪切"命令可以使实体构件减去空心构件,也可以在下拉菜单中点击"取消剪切图形"恢复完整状态。

"连接"命令可以把任意实体构件连接成一个实体构件,也可以在下拉菜单中点击"取消连接图形"恢复至未连接的状态,见图 1.5.1。

其他常用修改命令位于修改菜单栏见图 1.5.2。

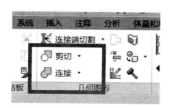

图 1.5.1　剪切与连接

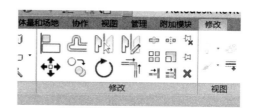

图 1.5.2　修改命令面板

具体命令的含义和操作见表 1.5.1。

修 改 命 令　　　　　　　　　　　　　　　　　　　　　　　　表 1.5.1

命令	图　　标	说　　明
对齐		当单击"对齐"命令后,先选择需要被对齐的线,再选择要对齐的实体,后选的实体就会移动到先选的线上,完成对齐
移动		在点击"移动"命令之前,先选中需要移动的对象,之后单击"移动"命令,选择移动的起点,在选择移动的终点或直接输入移动距离的数值,完成移动

续表

命令	图标	说　明
偏移		点击"偏移"命令,可在 〇图形方式 ◉数值方式 偏移: 1000.0 □复制 框内填写偏移的数值,勾选复制可以保留原构件,在原构件附近移动鼠标以确认偏移的方位。再次点击即可完成偏移
复制		点击需要"复制"的对象,点击"复制"命令,先选择复制的移动的起点,再选择移动的终点,也可以输入移动的距离,勾选"多个"可以多次连续复制
镜像		"镜像"命令有两个图标,前者是用于已有镜像轴的情况下,后者需要绘制镜像轴。先选择需要镜像的构件,再点击镜像命令,选择镜像轴线即可复制出对称镜像,可把选项栏中"复制"默认的勾选取消,原物体就不会保留
旋转		选择需要旋转的构件,点击"旋转",选择旋转的起始线,输入角度或者再选择旋转的结束线,完成旋转
修剪/延伸		第一个图标功能为"修剪/延伸"为角,第二个图标功能为沿一个图元定义的边界"修剪/延伸"另一个图元,第三个图标为沿一个图元定义的边界"修剪/延伸"多个图元。先选择边界参照,在选择需要"修剪/延伸"的图元
拆分		选择需要被拆分的构件,点击"拆分"命令将其分成两段
阵列		选择构件,点击"阵列",在上方菜单栏中项目数填入指定数值 项目数: 5 , 移动到: ◉第二个 〇最后一个 选择构件移动到第二个构件的位置,再次点击即可完成全部阵列,每个构件间的间距就是一开始移动的距离。也可选择最后一个,第一次拉动即是第一个与最后一个之间的距离。 旋转阵列也是同理
缩放		选择构件点击"缩放"命令,出现 〇图形方式 ◉数值方式 比例: 0.60274 设置相应的比例或者点击图形方式拖动选择需要缩放的比例即可完成缩放命令

二、可见性图形

在绘制模型的过程中,经常需要对不同对象的可见性进行更改,从而更方便进行区分和绘制模型,我们可以通过"可见性/图形替换"功能来实现目的,如图 1.5.3 所示。

图 1.5.3　可见性/图形替换

选择"视图"选项卡下的"可见性/图形替换"(建议使用快捷键"VV 或 VG"),在打开的对话框中,可以看到各种构件类型,如图 1.5.4 所示,通过可见性下对应类型的勾选或取消勾选来显示和隐藏模型,也可以更改对应的"线、填充图案、透明度"等来改变在视图中的显示方式。

"模型类别"选项卡下通过对族类别及填充样式的修改来调整模型类别的可见性。

图 1.5.4　可见性/图形替换面板

"注释类别"选项卡下同样可以通过对线以及填充样式的修改来调整注释构件的可见性。

"分析模型类别"主要是结构模型分析使用。

"导入的类别"选项卡可以控制导入 CAD 图的可见性和线样式等。

"过滤器"使用过滤器可以改变图形的外观以及可见性。

三、过滤器的使用

模型制作中,构件多种多样,我们可以通过使用过滤器工具,选择需要的构件。选择"视图"选项卡下的"过滤器",如图 1.5.5 所示。

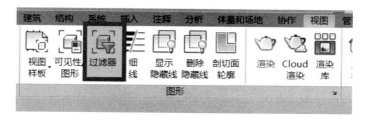

图 1.5.5　过滤器

"过滤器"中新建或选择一个已经存在的过滤器进行编辑,如图 1.5.6 所示,选择一个或多个类别,如图所示,新建"WLS"过滤器。

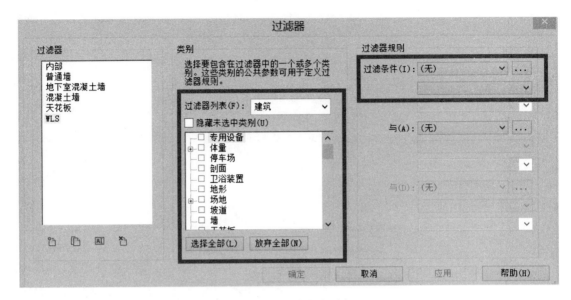

图 1.5.6　过滤器选项卡

在过滤器规则中选择特定的条件参数，如图 1.5.7 所示，选择"类型名称"作为过滤条件，在下拉菜单选择过滤器运算符，如"包含，不等于，小于"等，通过运算符来筛选特定构件。

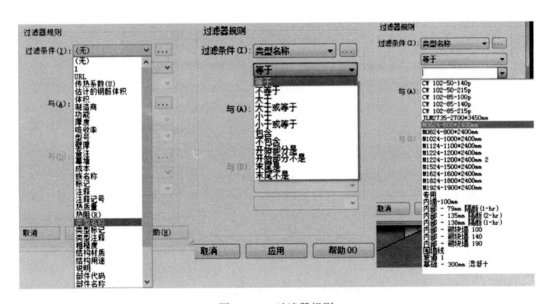

图 1.5.7　过滤器规则

添加好所有的过滤条件以及过滤器运算符之后点击确定退出对话框。打开"可见性图形"对话框的"过滤器"选项卡，点击添加，选择创建好的 WLS 过滤器，如下图 1.5.8 所示。这样就可以通过对可见性以及投影表面截面的设置更改选定构件的显示方式。灵活运用过滤器功能可以更有效率地对模型进行创建和修改。

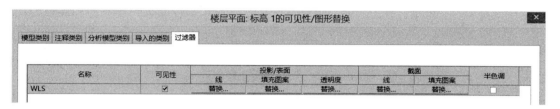

图 1.5.8　可见性图形中的过滤器选项卡

四、视图范围

在绘制过程中某些构件在创建时会弹出如图 1.5.9 警示窗，这是由于我们绘制的模型不在视图范围之内，当遇到如下情况可以打开视图范围进行调整。

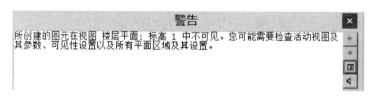

图 1.5.9　警示框

如下图 1.5.10 所示，主要范围中"顶"为上边界的标高，高于上边界标高的图元构件不显示；"剖切面"为图元的剖切高度，与剖切面相交的构件显示为截面，高于不显示，低于为投影；"底"为下边界的标高，视图深度不高于底标高。

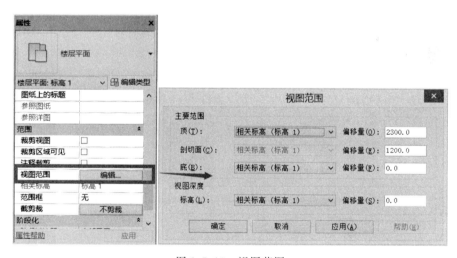

图 1.5.10　视图范围

五、图形显示选项

通过对图形显示选项的设置，可以改变建筑平立面的轮廓粗细和光影效果。可从"楼层平面"属性框单击"图形显示选项"，如下图 1.5.11 所示。在模型显示中调整轮廓线，阴影，照明，摄影曝光下的选项进行勾选和调整可以使模型更加生动，但会影响软件运行速度。

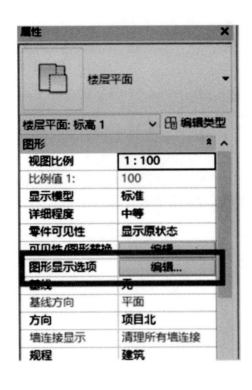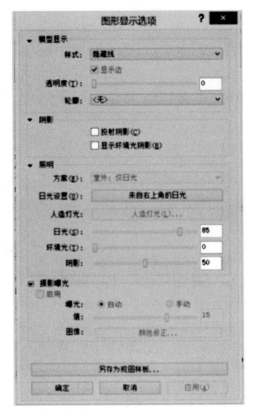

图 1.5.11　图形显示选项

六、剖面框

在观察模型的时候，构件内部细节被遮挡，如果想看可以通过选择剖面框命令来实现，见图 1.5.12。

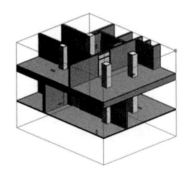

图 1.5.12　剖面框

勾选剖面框，三维视图中出现一个可拖拉的外部框体，拖动框体来观察模型。

第 2 章 项目创建

美国 Building SMART 联盟主席 Dana K. Smith 先生在其专著《Building Information Modeling-A Strategic Implementation Guide for Architects，Engineers，Constructors and Real Estate Asset Managers》中下了这样一个论断："依靠一个软件解决所有问题的时代已经一去不复返了"。同样，倚靠一个人、一支团队撑起全流程管理主框架的时代也已经时过境迁。在 BIM 技术的推行过程中，"协同"的价值体现于工作的各个环节，如有效读取上游数据、融合各方需求、提交阶段性最优方案、传输信息至下游参与方。这些需要在项目初始制定工作标准，规范各方、各阶段工作原则与深度，确保工程流程的顺利推进。

本章着重讲述建模工作开始前的标准制定、样板文件设定、CAD 图纸处理、工作面划分等准备工作，奠定后期工作基础。

2.1 制定建模标准

建模标准的制定是为了保证项目各参与方之间工作原则的一致性，避免冲突的发生。这是多人建立一个项目模型以及数据流动的基础。

2.1.1 命名标准

模型文件分工作模型与整合模型两类：工作模型指包含设计人员所输入信息的模型文件，通常一个工作模型仅包含项目的部分专业及信息；整合模型指根据一定规则将多个工作模型加以整合所呈现的成果模型或浏览模型。

工作模型文件命名规则：

【项目名称】-【区域】-【专业代码】-【定位楼层】-【版本】-【版本修改编号】

其中：

【项目名称】：工程名称拼音首字母（大写）；

【区域】：区域名称拼音首字母（大写）；

【专业代码】：建筑-A，结构-S，暖-M，电-E，水-P；

【定位楼层】：地上 F1、F2……，地下 B1、B2……，没有则为 X；

【版本】：A-Z；

【版本修改编号】：001，002……

整合模型文件命名规则：

【项目名称】-【版本】-【版本修改编号】

其中：

【项目名称】：工程名称拼音首字母（大写）；

【版本】：V1.0，V2.0……；

【版本修改编号】：001，002……

构件命名规则：

构件命名原则见表2.1.1。

构件命名规则

表2.1.1

土建	混凝土梁	【区域】-【楼层】-【梁编号】-【材质类型】-【尺寸】 如：A1-F3-KL1-CO-200×500（表示：A1区-3层-框梁1-混凝土-200×500）
	楼板	【区域】-【楼层】-【楼板编号】-【材质类型】-【厚度】 如：A1-F3-BAN-CO-200（表示：A1区-3层-楼板-混凝土-200mm）
	结构柱	【区域】-【楼层】-【柱编号】-【材质类型】-【尺寸 $B \times H$】 如：A1-F3-KZ1-CO-500×500（表示：A1区-3层-框架柱-混凝土-500×500）
	墙体	【区域】-【楼层】-【部位】-【剪力墙】-【材质】-【厚度】 （定位线为核心层中心线） 如：A1-F3-HXT-COW-CO-400（表示：A1区-3层-核心筒-剪力墙-混凝土-400）
	门族	【门类型代号】【宽度】【高度】 （M—木门；LM—铝合金门；GM—钢门；SM—塑钢门；JM—卷帘门；左开、右开），如：M0921（表示：900mm 宽2100mm 高的普通木门）
	洞口	【宽度】×【高度】 如：1500×1800（表示：1500mm 宽1800mm 高的洞口）
	窗族	C【宽度】【高度】 如：C1518（表示：1500mm 宽1800mm 高的窗）
	留洞	风洞（矩形）：FD【宽度】【高度】 风洞（圆形）：FD【直径】 电洞（矩形）：DD【宽度】【高度】 如：DD0203（表示：200mm 宽300mm 高的电洞）
机电	系统设备	【区域】-【定位楼层】-【系统/设备名称】-（设备类【类别/尺寸】） 如：A1-F1-送风系统（表示：A1区首层送风系统）

2.1.2　颜色设置标准

此标准主要针对机电专业管线颜色设置，宜使各参与方持统一标准。MEP系统颜色设置参考表2.1.2。

系统颜色设置

表2.1.2

暖　通		给　排　水		电　气	
管线名称	颜色RGB	管线名称	颜色RGB	管线名称	颜色RGB
空调供水（两管制）	255,128,255	消火栓管道	255,0,0	10kV强电线槽/桥架	200,120,200
空调回水（两管制）	250,180,230	自动喷水灭火系统	200,100,100	普通动力桥架	0,128,0

暖　　通		给　排　水		电　　气	
管线名称	颜色 RGB	管线名称	颜色 RGB	管线名称	颜色 RGB
空调供水（四管制）	255,80,80	窗玻璃冷却水幕	255,128,192	消防桥架	255,100,50
空调回水（四管制）	255,150,150	自动消防炮系统	255,220,50	照明桥架	200,150,0
冷却水供水	100,200,230	生活给水管（低区）	170,255,170	母线	255,255,255
冷却水回水	155,255,255	生活给水管（高区）	50,150,100	安防	255,255,0
冷冻水供水	200,100,255	中水给水管（低区）	180,180,255	楼宇自控	192,192,192
冷冻水回水	220,170,255	中水给水管（高区）	0,0,128	无线对讲	255,200,150
冷凝水管	200,250,100	生活热水管	128,0,0	信息网	0,127,255
空调补水管	0,153,50	污水-重力	153,153,0	移动信号	255,127,159
膨胀水管	51,153,153	污水-压力	10,200,200	有线及卫星电视	191,127,255
软化水管	0,128,128	废水-重力	153,70,100	消防弱电线槽	0,255,190
冷媒管	100,150,255	废水-压力	102,90,200		
厨房排油烟	200,100,10	雨水管-压力	0,180,150		
排烟	255,255,0	雨水管-重力	128,128,255		
排风	0,255,255	通气管道	128,128,0		
新风/补风	0,255,0				
正压送风	240,200,160	备注：空调冷水、热水、冷却水、冷冻水系统需区分供、回,依据亮度和色调划分,同类型的管道,回路颜色亮度低50			
空调回风	255,0,255				
空调送风	0,0,255				

2.2　CAD 底图处理

建议各层图纸单独存储，删除或淡显不必要的图面元素。确立项目文件定位点（如图 2.2.1 轴 W-A 与轴 1 交点），并将该点移至项目原点（0，0，0）。

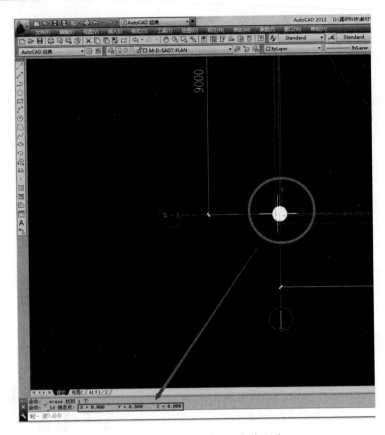

图 2.2.1 CAD 底图处理与参照点

2.3 设定样板文件

2.3.1 新建样板文件

打开 Revit 软件，选择【新建】>【项目】，见图 2.3.1。

依据所属专业，在样板文件下拉菜单中选取样板，点击【确定】退出。见图 2.3.2。

图 2.3.1 Revit 新建项目

图 2.3.2 样板文件选取

2.3.2 创建标高

进入立面视图，依据 CAD 图纸所示标高，创建样板文件标高线；或在立面视图中插入含有标高信息的 CAD 图纸，拾取标高线。

添加标高：

在图 2.3.3 所示的工具条中选择【标高】>【直线】命令。

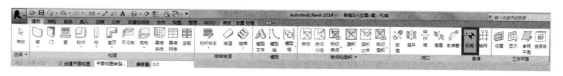

图 2.3.3 标高命令

在图 2.3.4 属性栏顶部选取需要的标高样式，输入标高间距，完成绘制。见图 2.3.5 所示。

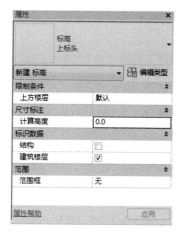

图 2.3.4 "标高"属性栏

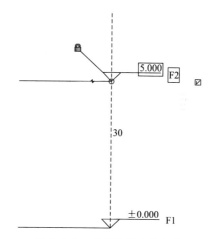

图 2.3.5 立面视图中的标高

刚输入的标高线都会参照已有的一个标高线显示间距，双击标注的数值可以对其进行修改，也可以点击标注的标高数值对其进行修改。移动所绘标高线的端点，当其与其他标高线对齐时将出现蓝色虚线，释放鼠标可见锁状图样，如图 2.3.5。这表示新绘的标高与已有的标高锁定。此后做的水平移动命令时，将会对所有已对齐标高线同时生效，即多线同时移动。若需单独修改，需先解锁再移动。

在工具栏的"修改｜放置标高"选项栏中，软件将默认勾选"创建平面视图"。该选择表示：标高创建完成后，系统将自动生成与之对应的天花板平面、楼层平面、结构平面视图。单击"创建平面视图"后的"平面视图类型"，可选择所要创建的视图类型。

注意：标高单位通常按行业习惯设置单位为"m"。

复制标高：

选择一层标高，在"修改标高"选项卡中选择"复制"，可快速生成所需标高，见图 2.3.6。

选择标高 F2，单击图 2.3.6 所示工具条上的【复制】按钮，并在选项栏中勾选"约束"及"多个"复选框。该步操作可确保复制的标高线与源标高保持正交对齐，且可连续执行多次操作。此后，将光标移至绘图区并单击标高线 F2，向上移动，可以看到临时标

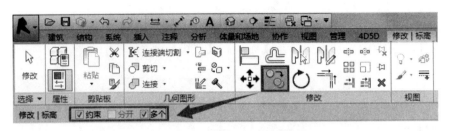

图 2.3.6　修改｜标高选择卡的【复制】按钮

注的间距数值变成"3900"，也可直接键入标高间距"3900"，点击【回车】即完成 F3 的绘制。

　　重复上述操作，继续键入上层标高间隔，可完成后续标高线的绘制。全部标高线复制完成后，单击鼠标右键"取消"或键盘【ESC】结束本次复制命令。

　　注意：通过复制命令生成的标高线，不会自动生成与之对应的楼层平面。

　　阵列标高：

　　"阵列标高"是指一次复制多个标高。

　　以本项目为例，地上 2～9 层为标准层，楼层间隔一致，均为 3900mm，可采用"阵列"命令完成。选择标高 F2，在"修改｜标高"选项卡上选择如图 2.3.7 中"阵列"按钮。

图 2.3.7　修改｜标高选择卡的【阵列】按钮

　　在选项栏中取消勾选"成组并关联"，否则阵列后的标高线将自动成组，需编辑组才可调整标头位置、标高高度等属性参数。键入"项目数"8，该数字表示将生成包含被阵列对象在内的 8 条标高线。光标移至绘图区，单击标高线 F2，向上移动，键入标高间距 3900，【回车】即可。

　　注意：同复制标高一样，阵列生成的标高线也不会自动生成与之对应的楼层平面。

　　编辑标高：

　　选择标高线，会出现临时尺寸、控制符号等，见图 2.3.8。单击临时尺寸数字或标头数字，可完成对间隔的修改。标头"隐藏/显示"，控制标头符号的关闭与显示。单击"添加弯头"的折线符号，可偏移标头，用于标高间距过小时的图面内容调整。单击蓝圈"拖动点"，可调整标头位置。

　　对名称和样式的修改则可通过编辑标高标头族文件来实现，也可在属性栏完成相关操作。单击已绘制的标高线，在属性对话框中可修改标高名称、高度。其中对于标高名称的修改可在随后的对话框中确认是否重命名相应视图。选择【是（Y）】，则所有与之相关的视图同步更新名称。此外，点击标高线属性栏中的"编辑类型"可完成对标高线线宽、颜色、线型、符号等参数的修改，见图 2.3.9。

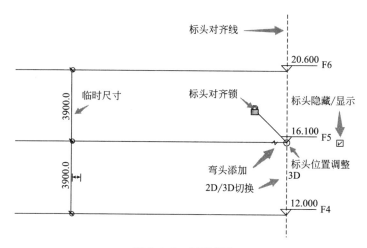

图 2.3.8 标高修改

图 2.3.9 标高线属性栏中的"编辑类型"

标高锁定：

标高绘制完成后，选中全部标高线，【修改｜标高】>【修改】>【锁定】，确保标高线固定于原位，不会因误操作发生偏离。

2.3.3 创建轴网

轴网是构件水平定位的重要依据，也是现场施工的最基本的定位数据。编号相同的轴线所代表的位置信息是相同的，不同层之间同名轴线可能因为构件的布置情况不同从而长度上有差异。轴网与上节介绍的"标高"共同组成建筑的三维定位系统。

轴网绘制：

链接 CAD：在"项目浏览器"中选择一个楼层，进入该楼层平面。选择【插入】>【链接 CAD】。在其后弹出的"链接 CAD 格式"对话框中将"导入单位"切换至"毫米"，"定位"方式选定为"自动-原点到原点"，单击【打开】完成链接，见图 2.3.10。

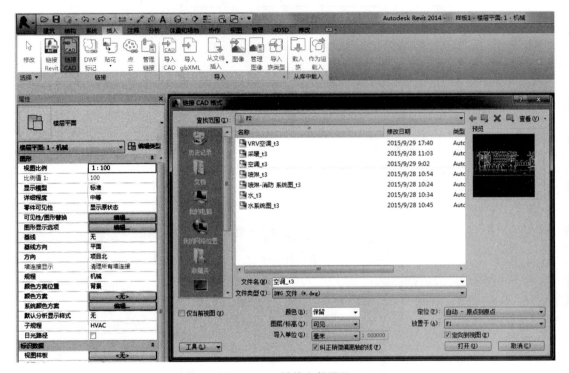

图 2.3.10　链接文件设置

正式建模前，单击 CAD，在"修改丨视图"选项卡中将其锁定，以防后期错位移动。

轴线拾取：

选择【轴网】>【绘制】>【拾取线】。设定好轴网样式，依次点击 CAD 图中的轴线，生成模型文件中的轴网。

注意：绘制第一根纵轴、横轴时需注意修改轴线编号，后续编号将自动排序。轴号 I、O、Z 容易和 1，0，2 混淆，习惯上不能用。而 Revit 软件不能自动排除这些轴线号，需手动修改。

复制、阵列、镜像轴网：

若项目并非采用自 CAD 拾取线生成轴网的方式，则需自行绘制轴网。此时，将会用到复制、阵列、镜像等命令。

选择轴线，单击"复制"、"阵列"、"镜像"，快速生成轴线，轴号自动排序。同"标高"绘制操作相同。对轴线执行"阵列"命令时，需注意取消勾选"成组并关联"，以便于后期调整。

编辑轴网：

选择一根轴网，图面将出现临时尺寸标注。单击尺寸标注上的数字可修改轴间距，见图 2.3.11。勾选或取消勾选"隐藏/显示标头"可以控制轴号的显示与隐藏。如需调整所有轴号的表现形式，可选择全部轴线，进入"属性"-"类型属性"，在弹出图 2.3.12 "类型属性"对话框中修改"平面视图轴号端点"的表现形式。

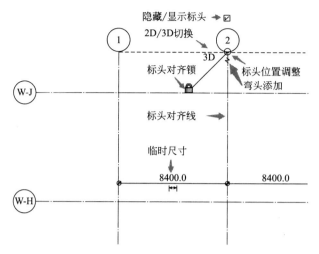

图 2.3.11 轴网编辑

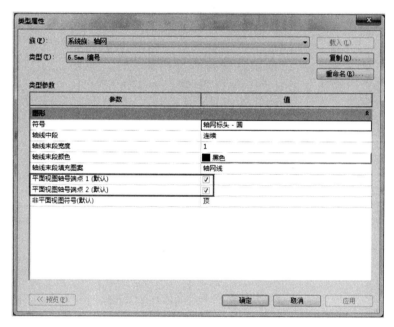

图 2.3.12 轴网属性修改

在类型属性中还可设置"轴线中段"的显示样式、轴线末端宽度与填充图案。对"非平面视图轴号"显示方式的切换，可控制立面、剖面等视图的轴号显示状态、位置。

单击添加弯头的折线，可拖动轴号位置，该功能可用于轴间距过小、轴号标记重叠时的图面调整，以确保出图效果。

当轴线显示标头对齐锁时，表示该轴线已与其他轴线对齐，此时拖动标头位置调整，多轴线同步移动。若需单独调整，则打开标头对齐锁，再进行拖动。

轴线状态呈"3D"标志时，所作修改在所有平行视图中均生效，即 F1 平面所做修改，在 F2～F9 同步联动。单击切换为"2D"后，拖动轴线标头只改变当前视图的端点位

37

置，在其余视图仍维持原状。

影响范围设定：

在楼层平面 F1 中选择轴线，激活"修改｜轴网"选项卡，选取"影响范围"，在随后弹出的图 2.3.13 对话框中选择相应视图，如勾选楼层平面 F2，单击【确定】。

图 2.3.13　影响范围设定

这一命令将使对轴线所做的调整仅影响至所选视图，即在 F2 中同步生效，见图 2.3.14，在其余层（如图 2.3.15 所示 F3）无变化。

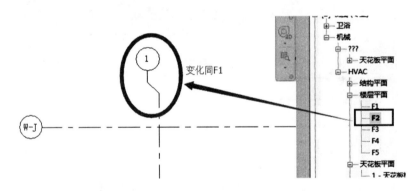

图 2.3.14　F2 楼层轴线与 F1 相同

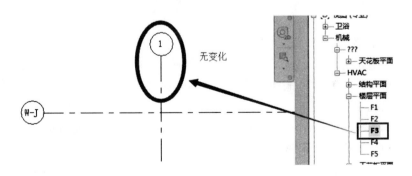

图 2.3.15　F3 楼层轴线与 F1 不同

本节采用的建模顺序为先标高后轴网，所绘制的轴线在各层标高视图均可见。但若建模顺序与此相反，或者在轴网绘制完成后又新添某条标高线，则可能会出现轴网在该层标高的平面视图中不可见现象。如遇此类问题，可进入立面视图，查看是否存在轴线与新建标高不相交的情形，见图2.3.16，拖动轴线端点至生成交点可解决此类问题，见图2.3.17。

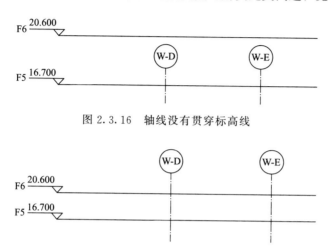

图 2.3.16　轴线没有贯穿标高线

图 2.3.17　延伸轴线穿过标高线

轴网锁定：

轴网绘制完成后，选中全部轴线，【修改｜轴网】>【锁定】，确保轴网固定于原位，不会因误操作偏离规定位置。

2.3.4　保存样板

样板文件绘制完成后可保存至规定位置。

2.4　新建项目

前期的准备工作完成后就可以新建项目。在如图2.4.1"新建项目"对话框中点击【浏览】，定位至已创建的样板文件，点选"项目"，单击【确定】并保存项目文件，开展后续建模工作即可。

2.4.1　项目基点

由于本项目所用CAD已做前期处理：将轴W-A与轴1交点移至原点，因而链接后的图纸自动对位。如图2.4.2所示W-A、1两轴交点与Revit项目原点自动

图 2.4.1　新建项目

对齐。若所链接图纸未做处理，则需自行操作，将图纸参照点移动至项目基点。

　　注意：项目基点的统一是后期多方协同工作的基础，需在各专业建模前完成此项设定。

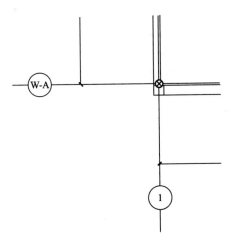

图 2.4.2　项目基点

2.4.2　专业人员配置

一般的工程项目各专业人员可以参照表 2.4.1 配置。

专业人员配置表　　　　　　　　　表 2.4.1

工作内容/专业	人　数
BIM 总体协调人	1
建筑专业	1~2
结构专业	1~2
钢结构	1~2
幕墙	1~2
机电	3~5
动画	1~2
成果整理输出	1~2

第3章 结构专业建模

施工阶段建模顺序与设计是不同的。由于结构专业的一些构件可以作为其他专业的参照，因此本书先做结构专业的建模介绍。由于一般建筑都是下大上小，基础的面积最大、内容最丰富，结构的建模可以从基础开始，其他层可以在此基础上删减和修改以保证信息的一致性。

3.1 绘制基础

3.1.1 创建结构视图

单击【视图】>【创建】>【平面视图】下拉菜单中的"结构平面"命令，在弹出的图3.1.1对话框中，选中所需要的结构标高，单击【确定】按钮，在【项目浏览器】>【视图】>【结构平面】中出现新建的结构平面如图3.1.2。

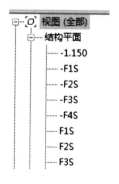

图 3.1.1 新建结构平面对话框

图 3.1.2 结构平面视图表

下面以"建研院物理所"项目为例创建建筑结构基础层。本工程基础形式为带柱帽（柱墩）筏板基础，我们分别创建筏板和柱帽（柱墩）。

3.1.2 图纸导入

单击【插入】>【导入】>【导入 CAD】命令，见图3.1.3。弹出如图3.1.4的"导入

CAD 格式"对话框。选择预先处理好的"基础平面图"。在对话框中参数设置为："颜色"为"保留"，定位为"自动-中心到中心"，"图层/标高"为"全部"，"放置于"为"—17.400"，"导入单位"为"毫米"。单击【打开】按钮。

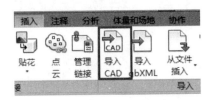

图 3.1.3　导入 CAD 命令

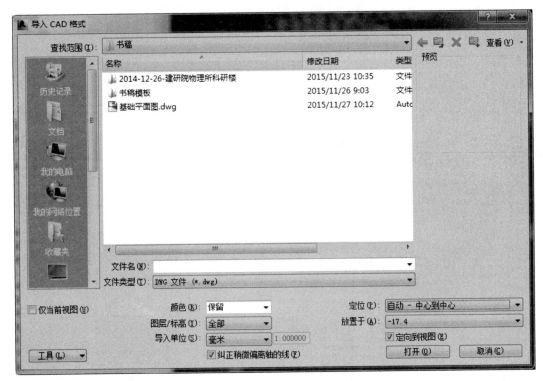

图 3.1.4　导入 CAD 格式对话框

　　根据建立好的轴网定位导入的基础平面图，定好位置后，单击【修改】>【锁定】命令，锁定导入的 CAD 图纸。定好位后的基础平面图，见图 3.1.5。

3.1.3　创建筏板

　　单击【结构】>【基础】>【板】下拉菜单中的"结构基础：楼板"命令，如图 3.1.6。根据图纸依次绘制 3 块筏板的边界，每完成一块筏板边界输入后点击"√"生成数据，如图 3.1.7。

　　本工程筏板根据其顶标高（—17.400m、—18.400m）及筏板厚度（1000mm、800mm）大致划为 1、2、3 三块区域如图 3.1.8。依次点击筏板，然后在"属性"中点击"编辑类型"，复制后修改板厚。然后修改"属性"中的"自标高的高度偏移"，调整筏板标高。

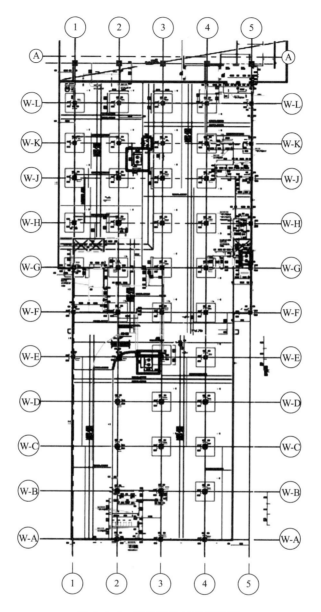

图 3.1.5 定位后的基础平面图

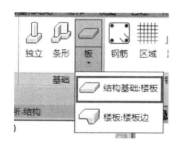

图 3.1.6 筏板布置命令

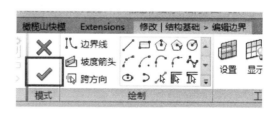

图 3.1.7 输入命令确认

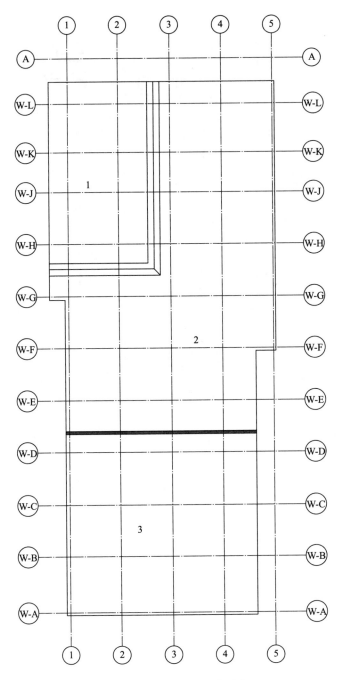

图 3.1.8 筏板区域划分示意

3.1.4 创建筏板加强部位

顶标高−17.400m、−18.400m 两块区域筏板交接加强部位创建。在创建模型前首先创建加强部位轮廓族。通过【新建】>【族】>【公制轮廓】创建轮廓，如图 3.1.9。单击【修改】>【属性】>【族类型】弹出族类型对话框。在族类型工具栏中单击【新建】按钮，名称命名为"筏板交接处轮廓"，见图 3.1.10。完成后单击【族编辑器】>【载入到项目中】。

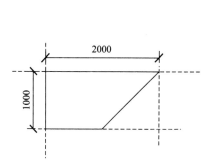

图 3.1.9 筏板交接处轮廓形状

图 3.1.10 族类型对话框

单击【结构】>【基础】>【板】下拉菜单中的"楼板：楼板边"命令，见图 3.1.11。在"实例属性"中单击"编辑类型"，弹出"类型属性"对话框。在类型栏中单击【复制】按钮，名称改为"筏板交接加强部位"。在类型属性对话框的【类型参数】>【构造】>【轮廓】项中，从"值"列的下拉菜单选择刚刚载入的"筏板交接处轮廓"，见图 3.1.12。

图 3.1.11 选择"楼板：楼板边"

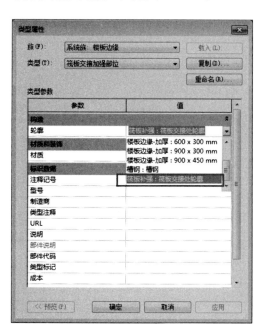

图 3.1.12 "类型属性"中选择轮廓图

点击筏板边界完成实例输入。修改【属性】>【限制条件】中的"垂直轮廓偏移"和"水平轮廓偏移"的数值，调整位置信息。绘制完成后筏板变标高加强部位三维视图，如图 3.1.13。

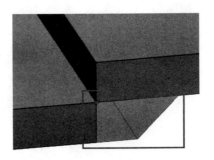

图 3.1.13　筏板变标高部位

3.1.5　创建柱帽族

【新建】>【族】>【公制结构基础】，单击【打开】按钮，进入族编辑环境。通过"拉伸"命令创建柱帽。先输入柱帽边界轮廓（可以按直线输入也可以输入矩形），然后将其与参照平面锁定，这样才能受参数驱动，见图 3.1.14。在【属性】>【族类型】>【参数添加】中增加柱帽长度、柱帽宽度、柱帽高度参数，见图 3.1.15。标注柱帽长、宽尺寸以及在立面图上标注高度尺寸，并设长宽尺寸指定为等分。点击标注的数字将标注的尺寸与定义的参数关联。定义完成后的参数模型平面、立面，见图 3.1.16 和图 3.1.17。完成后载入到项目中。

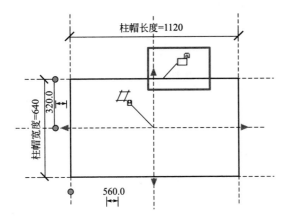

图 3.1.14　轮廓边界锁定

图 3.1.15　柱帽参数

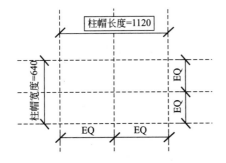

图 3.1.16　参数化后的柱帽平面图

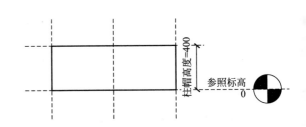

图 3.1.17　参数化后的柱帽立面图

3.1.6　创建集水坑族

单击【应用程序主菜单 R】>【新建】>【族】>【基于楼板的公制常规模型】，如图 3.1.18。

单击【打开】按钮进入"基于楼板的公制常规模型"环境，单击【保存】按钮，选择保存路径，输入文件名称；单击【选项】按钮，在弹出的文件保存选项对话框中修改最大备份数 1，单击【确定】按钮完成操作，见图 3.1.19。

添加参数如图 3.1.20。

定义完成后的参数模型平面、立面，见图 3.1.21、图 3.1.22。

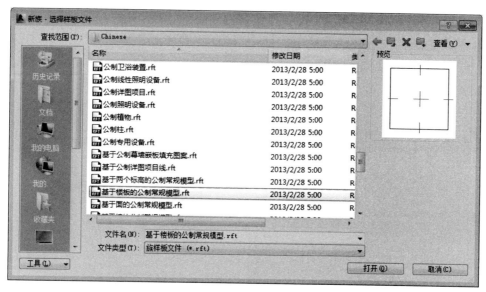

图 3.1.18　打开"基于楼板的公制常规模型"族

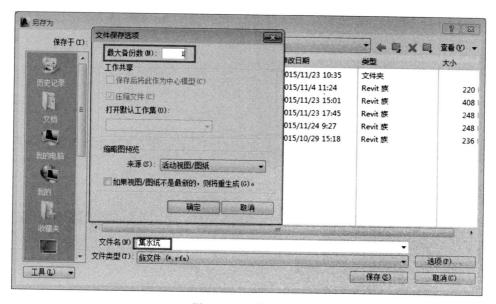

图 3.1.19　保存设置

第 3 章　结构专业建模

图 3.1.20　集水坑参数

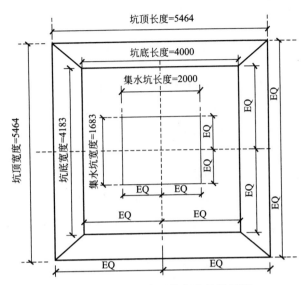

图 3.1.21　参数化后的集水坑平面图

单击【插入】>【载入到项目文件】，载入刚刚创建的集水坑族。三维显示见图 3.1.23。

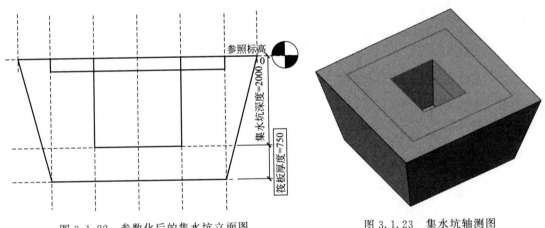

图 3.1.22　参数化后的集水坑立面图

图 3.1.23　集水坑轴测图

3.1.7　修改基础

选择要编辑的基础筏板，单击【修改｜楼板】>【编辑边界】，见图 3.1.24。在模型窗口重新绘制筏板边界线，绘制完成后单击图 3.1.25 中的"√"。在选中基础时，也可编辑基础的实例属性。

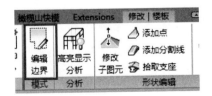

图 3.1.24　编辑边界命令

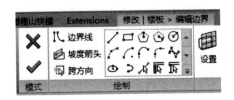

图 3.1.25　确定编辑边界

根据地下四层图纸，创建完筏板、柱帽、集水井后，模型平面视图、三维视图见图
3.1.26 和图 3.1.27。

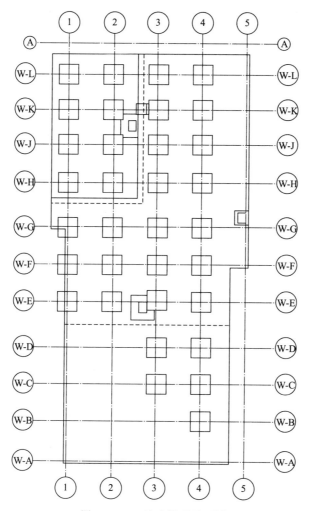

图 3.1.26　基础模型平面图

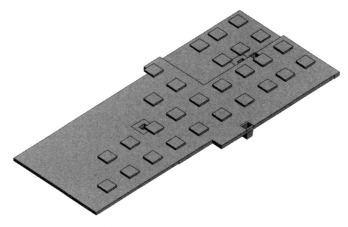

图 3.1.27　基础模型轴测图

3.2　绘制结构柱

软件自带一些族。当这些族可以满足工程需要时可以略过"柱族的载入"一节。仅类型不满足工程需要可以参照"柱属性设置"一节增加柱类型。

3.2.1　载入柱族

单击如图 3.2.1 中的【插入】＞【载入族】，这时会弹出如图 3.2.2 所示对话框，选择所需要柱族载入。

图 3.2.1　载入族命令

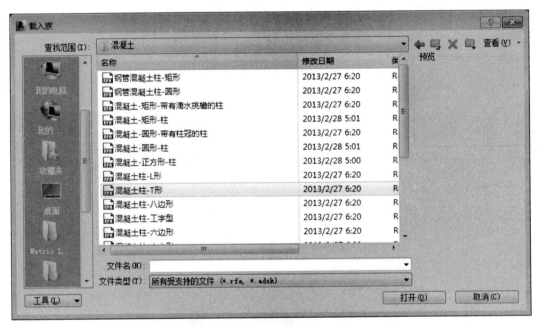

图 3.2.2　选择所需要载入柱族

另一种方法直接在创建结构柱过程中载入所需结构柱族。操作方法为，【结构】＞【柱】，在结构柱"实例属性"（见图 3.2.3）中，单击"编辑类型"弹出"类型属性"对话框，如图 3.2.4 所示。单击载入按钮同样出现如图 3.2.2 所示对话框。

3.2.2　设置柱属性

单击【结构】＞【柱】，在属性对话框中，单击编辑类型按钮，弹出类型属性对话框如图 3.2.5 所示。在类型属性对话框中，单击族的三角形下拉菜单，选择所需要的柱族，然后单

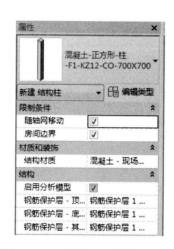

图 3.2.3　结构柱实例属性对话框

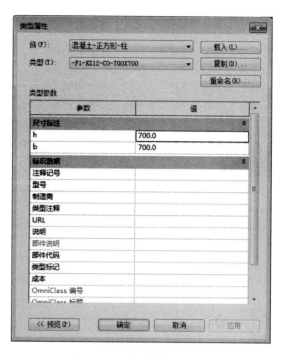

图 3.2.4　类型属性对话框

击【复制】按钮。以地下四层 KZ18 为例，输入名称为：-F4-KZ18-CO-900×900，单击【确定】按钮，见图 3.2.6。在尺寸标注栏中输入相应 b、h 尺寸，最后单击【确定】按钮，即可完成柱的属性编辑。

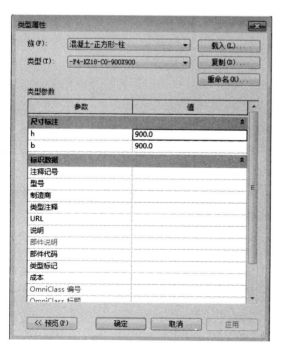

图 3.2.5　类型属性对话框

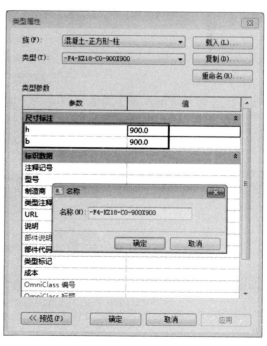

图 3.2.6　结构柱命名

3.2.3　柱的绘制方法

1. 放置垂直柱

单击【修改│放置结构柱】>【放置面板】>【垂直柱】命令。放置柱时，使用【空格键】可以更改柱的放置方向。按【空格键】柱会发生旋转以便与选定位置的相交轴网对齐，如果不存在轴网情况下按空格键会使柱发生90°旋转。将柱放在轴网交点时轴网会高亮显示。

在选项栏中指定以下内容，见图 3.2.7。

图 3.2.7　勾选放置后旋转

放置后旋转：勾选后可以在放置柱后立即将其旋转。

标高：（仅限三维视图）为柱的底部选择标高。在平面视图中，该视图的标高即为柱的底部标高。

深度：此设置从柱的底部向下绘制。

高度：从柱的底部向上绘制。

标高/未连接：设定柱另一端的位置。可以选择已定义的结构标高（如 F1、F2）或者选择"未连接"，然后指定柱的高度。

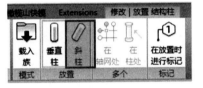

图 3.2.8　放置斜柱命令

2. 放置倾斜柱

单击【修改│放置结构柱】>【放置面板】>【斜柱】命令，如图 3.2.8 所示。

在平面视图中输入柱两端的坐标放置倾斜柱，然后在选项栏选择"第一次单击"柱起点标高、标高偏移值和"第二次单击"柱的终点标高、终点偏移值。

根据本工程地下四层图纸，创建柱完成后，模型三维轴测见图 3.2.9。

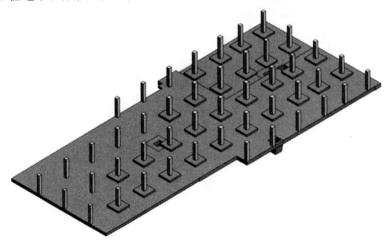

图 3.2.9　地下 4 层柱布置轴侧图

3.3 绘制梁

与柱的输入类似，程序自加载了一些混凝土梁和型钢梁。如果工程需要的梁类别超出了自加载的族可以通过"梁族载入"来添加类别，否则可以跳过该操作。

3.3.1 载入梁族

如果以前没有载入结构梁族，要先载入结构梁族，其载入参照"3.2.1 载入柱族"方法，本节不再赘述。

3.3.2 设置梁属性

单击【结构】>【梁】命令。在实例属性对话框中单击"编辑类型"按钮，在弹出"类型属性"对话框中，复制创建新的梁构件，修改其尺寸，如图 3.3.1 所示。

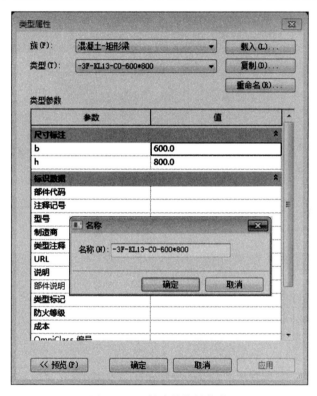

图 3.3.1 创建结构梁构件

3.3.3 梁绘制方法

在平面视图中通过单击起点和终点绘制梁。可以在"绘图"面板中选择所绘梁的几何图形形状如图 3.3.2 所示。勾选如图 3.3.3 中的"三维捕捉"可以在三维视图中画梁；否则，三维视图中不能绘制梁。

当勾选"链"选项时，Revit 将实现上一根梁的终点作为下一根梁的起点不间断连续绘制方式。

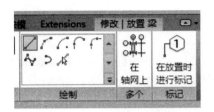

图 3.3.2　梁绘制命令

图 3.3.3　放置梁命令条

　　注意：在放置结构梁之前或之后，可修改其结构用途，结构用途参数可以包括在结构框架明细表中，这样可以快速地统计大梁、托梁、檩条、水平支撑的数量。

3.3.4　修改梁

　　梁的编辑是对已画好的梁进行信息修改。首先在视图中选中所要修改的梁图元，然后在实例属性对话框中选择要编辑内容（起点、终点标高偏移值等），如图 3.3.4 所示。

图 3.3.4　梁属性信息

3.3.5 创建梁系统

结构"梁系统"是创建一组平行放置的梁。创建结构梁系统的步骤是：单击【结构】>【结构】>【梁系统】，见图 3.3.5。

首先绘制梁系统的边界，选择绘制面板中的边界线命令，见图 3.3.6。然后指定梁系统中结构梁的方向。最后点"√"完成输入。

注意：可以对梁系统中单个梁构件进行属性编辑。

图 3.3.5 梁系统命令

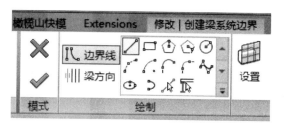

图 3.3.6 梁系统绘制命令

3.4 绘制结构墙

单击"结构"选项卡，用鼠标选择【墙】>【墙-结构】，将属性框切换成墙的内容，如图 3.4.1 所示。

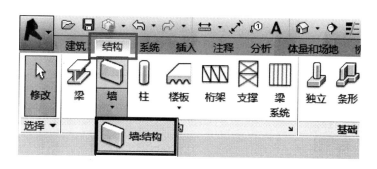

图 3.4.1 选择结构专业的墙菜单

3.4.1 设置墙属性

选择结构墙之后，需要对墙的属性（墙名称、厚度、材料）进行设置。设置方法：在图 3.4.2 中点击"编辑类型"，弹出图 3.4.3 对话框。

墙基本信息的设置与前面的梁、板基本类似，在这里不再赘述。

需要注意的是在绘制墙之前，要把"选项栏"中深度改为高度，如图 3.4.4 所示。

注意：深度指当前层向下，高度指当前层向上。

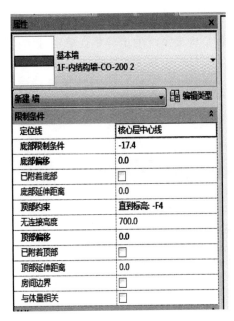

图 3.4.2　墙属性对话框

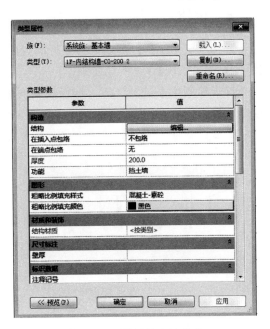

图 3.4.3　墙属性中的信息

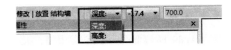

图 3.4.4　墙输入按"高度"方式输入

3.4.2　墙绘制方法

墙属性设置完毕之后，会自动激活绘制面板，如图 3.4.5 所示。

可以按照直线的方式绘制墙线，也可以选择"拾取线"，见图 3.4.6。当选择"拾取线"时，需要把电子版的 CAD 图纸插入到视图中。插图的操作方法与前面柱、梁输入方法一致，在这里不再赘述。

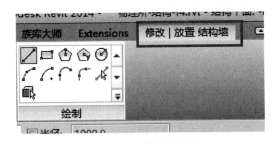

图 3.4.5　墙绘制面板

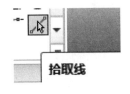

图 3.4.6　拾取墙线

如果墙的轮廓需要编辑或者增加洞口，选中需要修改的墙体，软件最上面的上下选项卡自动被激活，如图 3.4.7 所示。

可以通过编辑轮廓的命令再改变轮廓的形状或者增加洞口，如图 3.4.8 所示。

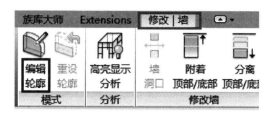

图 3.4.7　墙编辑轮廓

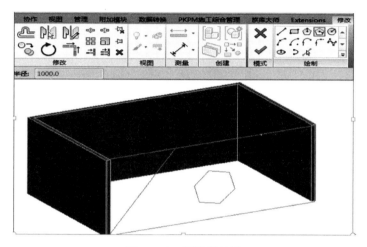

图 3.4.8　墙编辑效果

　　洞口的形状有矩形、圆形、多边形，用户根据图纸上实际的情况来选择。本工程项目地下四层的结构墙绘制完毕之后的效果如图 3.4.9 所示。

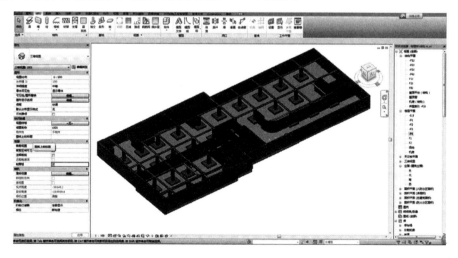

图 3.4.9　地下四层结构墙

3.5　绘制结构楼板

　　单击"结构"选项卡，鼠标选择【楼板】>【楼板：结构】，如图 3.5.1 所示。

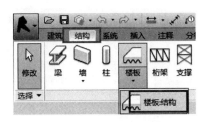

图 3.5.1   结构板面板

3.5.1   设置板属性

选择结构楼板之后，需要对楼板的属性（板名称、厚度、材料）进行设置。设置方法：在图 3.5.2 中点击【编辑类型】，弹出图 3.5.3 对话框。

图 3.5.2   板属性

图 3.5.3   板类型参数

板基本信息的设置与前面的梁、柱基本类似，在这里不再赘述。

3.5.2   板绘制方法

板属性设置完毕之后会自动激活绘制面板，如图 3.5.4 所示。

绘制楼板的方式有多种，可以按照直线、矩形方式绘制，也可以选择"拾取线"。按照图纸上楼板区域绘制完成之后，点击面板上"√"命令完成楼板的绘制，如图 3.5.5 所示。

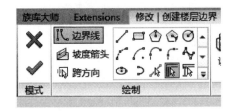

图 3.5.4   板边界绘制

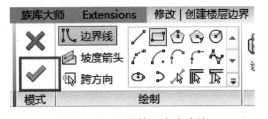

图 3.5.5   边界输入完毕确认

当选择拾取线时，需要把电子版的 CAD 图纸插入到视图中。插图的操作方法与前面柱、梁一致，在这里不再赘述。

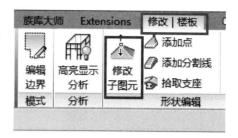

图 3.5.6　板修改子图元

对于斜板或者汽车库坡道处的楼板，可以通过"修改子图元"的命令来实现，具体操作如下：

选中需要修改的板，这时软件最上端的上下选项卡"修改楼板"命令被激活，出现"修改子图元"功能，如图 3.5.6 所示。

点击"修改子图元"命令，绘图区域中的板变为可以修改的状态，如图 3.5.7 所示。

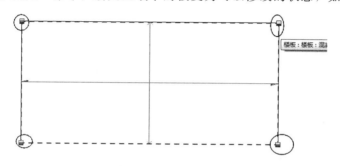

图 3.5.7　板修改标高

图中椭圆形位置处数据标高可以修改，我们把最右侧的 2 处数据都改为 −1000mm，查看南立面模型变为如图 3.5.8 所示的斜板。

图 3.5.8　南立面

从图 3.5.8 可以看出右侧的板面标高相对于层高往下降了 1000mm。对于该项目中的坡道斜板可以通过这种方式绘出。

该项目地下四层的结构板绘制完毕之后如图 3.5.9 所示。

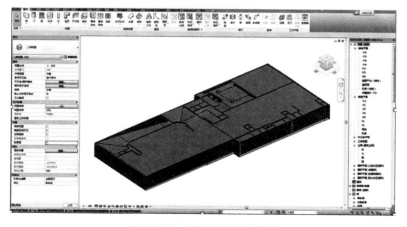

图 3.5.9　地下四层的结构板

3.6　输入钢筋模型

用 Revit 软件搭建钢筋模型必须安装 Autodesk-Revit Extensions。下面以梁钢筋为例来介绍创建钢筋模型。先选中需要编辑钢筋的梁构件，点击"Extensions"—"钢筋"---选择梁，如图 3.6.1 所示。

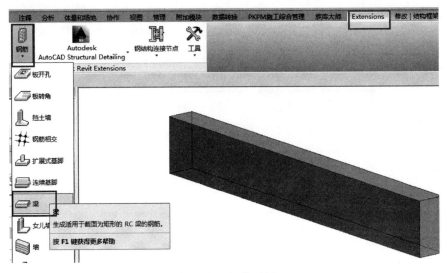

图 3.6.1　钢筋面板

第一次给构件布置钢筋时，会提示如图 3.6.2 所示的对话框。

图 3.6.2　钢筋对话框

提示此对话框的原因是因为项目中没有钢筋的族。我们需要把结构钢筋族载入到项目中，才能布置钢筋。详细的操作和插入族操作步骤一样，需要找到结构钢筋的族，如图 3.6.3 所示。

选择【结构】>【钢筋形状】，如图 3.6.4 所示。

图 3.6.3　载入钢筋族

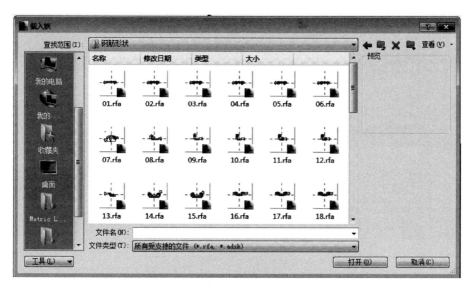

图 3.6.4　钢筋形状

选中第一个族文件，按住 Shift，再选中最后一个，单击"打开"。软件会运行几分钟，然后把选中的钢筋类型全部载入到项目中。在右侧"项目浏览器"中的结构钢筋中可以看到载入的钢筋族，如图 3.6.5 所示。

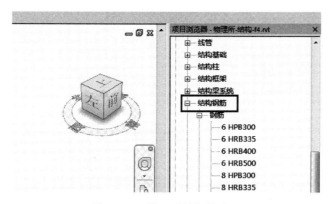

图 3.6.5　载入后的钢筋类型

再次选中需要布置钢筋的构件，如梁钢筋的类别、直径、根数以及箍筋的间距可以通过如图 3.6.6 中的对话框选择。

然后指定梁进行梁钢筋的输入。钢筋模型输入后需要进行一些设置才能在三维模型中以实体方式展示，否则将按线条显示。三维模型中以实体方式展示的设置方法如下：

在模型中选择一根钢筋，点击右键弹出图 3.6.7 对话框。点击"视图可见性状态"的【编辑...】。

在如图 3.6.8 对话框中把"三维视图"选项中的"作为实体查看"复选框打上"√"。这表示在三维显示时以实体来显示。搭建完毕之后的三维钢筋模型如图 3.6.9 所示。

Revit 搭建的三维钢筋模型可以进行 360 度的旋转，平、立、剖和节点详图可以任意转换。

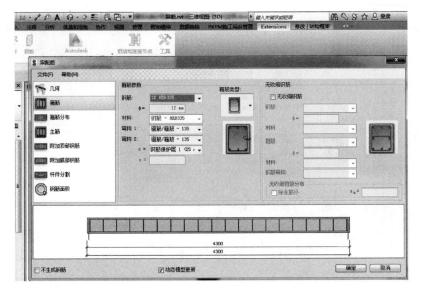

图 3.6.6　Revit 梁钢筋输入对话框

图 3.6.7　钢筋属性

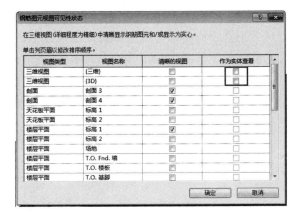

图 3.6.8　在三维视图中选择"作为实体查看"

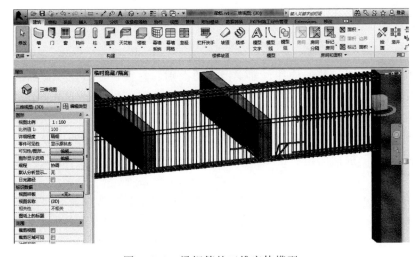

图 3.6.9　梁钢筋的三维实体模型

其他构件的钢筋如柱钢筋、板钢筋、墙钢筋的输入方法类似，不再赘述。

3.7 绘制洞口

结构的洞口一般指墙上的门、窗洞以及楼板上的洞口。楼板上比较小的建筑预留洞有通风洞、老虎窗等，还有像电梯井，楼梯间，甚至结构挑空这样的大洞口。后者可以通过不布置楼板来解决，也可以按楼板开洞输入。

3.7.1 添加洞口

在 Revit 软件中可以创建结构洞口的命令有 5 种类型，见图 3.7.1。在"结构"上下文选项卡中"洞口"面板，分别为【按面】、【竖井】、【墙】、【垂直】、【老虎窗】。

图 3.7.1 选项卡上的洞口命令

这几种方法与建筑建模中洞口创建方法一致，将会在本教程后面的章节中，结合相关建筑模型构件进行详细讲解。

除此之外，前几节中提到了直线结构墙、结构楼板布置时还可通过"编辑轮廓"和"编辑边界"进行洞口创建，如图 3.7.2 和图 3.7.3 所示。

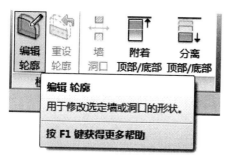

图 3.7.2 编辑轮廓创建洞口

图 3.7.3 编辑边界创建洞口

3.7.2 洞口族

上面的方法无法在曲面墙上建立异形洞口，这种情况下可以通过载入墙洞口族来建立洞口。具体过程如下：

载入洞口族：

一种方法是单击"插入"选项卡下【载入族】命令，弹出如图 3.7.4 "载入族"对话框，在【结构】>【洞口】路径中载入洞口族。

另一种方法是单击【结构】>【模型】>【构件】的下拉列表，选择【放置构件】命令。然后在属性栏中单击【编辑类型】，进入"类型属性"对话框，单击【载入】，同样弹出"载入族对话框"，如图 3.7.5 所示。

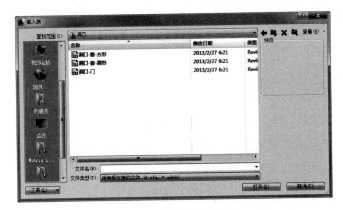

图 3.7.4　载入洞口族

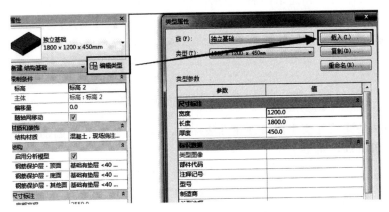

图 3.7.5　编辑类型中载入族

创建洞口：

单击【结构】>【模型】>【构件】>【放置构件】命令，如图 3.7.6 所示。

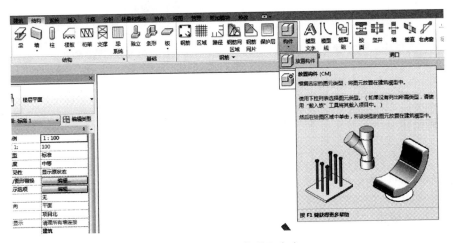

图 3.7.6　"放置构件"命令

　　然后在"类型选择器"中选择刚载入的洞口并选择相应的洞口尺寸，在属性栏设置限制条件，单击墙放置，效果如图 3.7.7 所示。

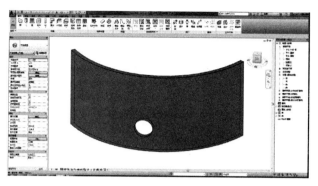

图 3.7.7　洞口放置效果

利用这种方法建立的洞口比较灵活，可以直接在墙上进行拖动，调整洞口位置。也可直接点取修改标注的数值进行精确定位，见图 3.7.8。

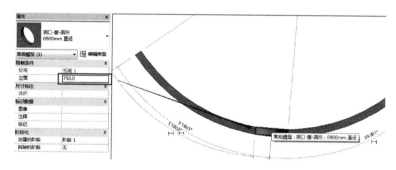

图 3.7.8　调整洞口位置

创建不规则洞口：

此外还可以创建各种不规则洞口，这种情况下需要新建洞口族。具体方法如下：

单击【应用程序菜单】＞【新建】＞【族】，弹出"新族-选择样板文件"对话框，选择"基于墙的公制常规模型"，单击【打开】，如图 3.7.9 所示。

图 3.7.9　创建不规则洞口族

转到"立面"中"放置边"视图，单击"创建"选项卡中，"模型"面板里【洞口】命令，如图 3.7.10 所示。

图 3.7.10　点击面板里的洞口命令

　　绘制异型洞口的外轮廓（此处以"五角星"为例），也可对洞口轮廓添加参数进行参数化，可参照前面的族定义方法。单击【√】完成洞口轮廓绘制，创建如图 3.7.11 所示洞口。

　　单击【应用程序菜单】>【另存为】>【族】，将族命名为"五角星洞口"保存在需要的路径中。

　　然后重复前面的载入族、放置洞口过程，完成效果如图 3.7.12 所示。

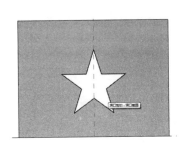

图 3.7.11　输入洞口轮廓

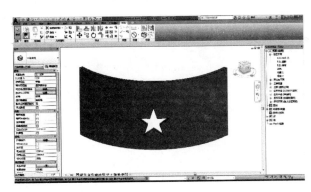

图 3.7.12　自定义洞口族效果

　　使用载入族创建的洞口还可以使用明细表进行统计（见表 3.7.1），方法与统计门窗等明细表相同，会在后面建筑建模中"明细表的使用"章节进行详细讲解。

洞口明细表

表 3.7.1

〈常规模型明细表〉			
A	B	C	D
族	类型	标高	合计
五角星洞口	类型 1	标高 1	1
五角星洞口	类型 1	标高 1	1
五角星洞口	类型 1	标高 1	1
洞口-窗-方形	0900×1200mm	标高 1	1
洞口-窗-方形	0900×1200mm	标高 1	1
洞口-窗-方形	0400×1800mm	标高 1	1
洞口-窗-圆形	0900mm 直径	标高 1	1
洞口-窗-圆形	1500mm 直径	标高 1	1
洞口-窗-圆形	1500mm 直径	标高 1	1
洞口-窗-圆形	1800mm 直径	标高 2	1

〈常规模型明细表〉

A	B	C	D
族	类型	标高	合计
洞口-窗-圆形	1800mm 直径	标高 2	1
洞口-窗-圆形	1800mm 直径	标高 2	1
洞口-窗-方形	0400×1800mm	标高 2	1
洞口-窗-方形	0400×1800mm	标高 2	1
五角星洞口	类型 1	标高 2	1
五角星洞口	类型 1	标高 2	1
五角星洞口	类型 1	标高 2	1

3.8　绘制桁架

Revit 中可以进行钢结构桁架的建模。但 Revit 仅能简单生成桁架示意模型及分析，创建深化节点模型方法过于复杂，建议深化设计使用 Tekla 或 PKPM-STS 等其他专业软件完成。

3.8.1　创建桁架

Revit 软件自带部分类型的桁架族，绘制桁架需要首先载入族。单击"插入"选项卡下【载入族】命令，在【结构】>【桁架】目录下载入相应类型的桁架族，如图 3.8.1 所示。

图 3.8.1　载入桁架族

在"结构"选项卡中选【桁架】命令，在选项栏中设置放置标高，见图 3.8.2。在类型选择器中选择刚载入的桁架，在属性栏中设置结构及尺寸等属性，如图 3.8.3 所示。

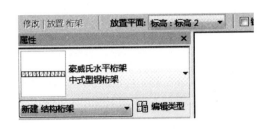

限制条件		⋀
工作平面	标高：标高 2	
参照标高	标高 2	
结构		⋀
创建上弦杆	☑	
创建下弦杆	☑	
支承弦杆	底	
旋转角度	0.000°	
旋转弦杆及桁架	☑	
支承弦杆竖向对正	中心线	
单线示意符号位置	支承弦杆	
尺寸标注		⋀
桁架高度	5000.0	
非支承弦杆偏移	0.0	
跨度	0.0	

图 3.8.2　放置标高 　　　　　　　　　图 3.8.3　桁架属性

在绘图区域单击桁架起点以及终点放置桁架，完成如图 3.8.4 所示桁架。

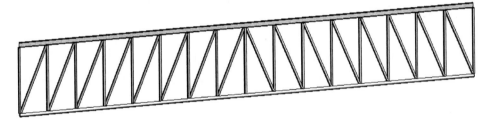

图 3.8.4　桁架效果图

3.8.2　修改桁架

当鼠标放在桁架任意位置时，桁架显示虚线状态，此时单击，可以选中整体桁架，如图 3.8.5 所示。若要选中单独上弦杆、下弦杆或腹杆，需按【Tab】键进行切换选择。

图 3.8.5　选择桁架

选中桁架后，单击属性栏中的【编辑类型】，见图 3.8.6。弹出"类型属性"对话框，如图 3.8.7。

在此界面中可以设置桁架中弦杆和腹杆的结构框架类型，起点终点约束以及角度等参数，框架类型可以使用任意已经载入项目中的结构框架（即梁）类型。

编辑类型中修改弦杆、腹杆是一次性修改桁架中所有弦杆、腹杆。若单独修改某一根杆，需按上面所说，使用【Tab】键切换到单独一根杆上，单击后即可在"属性栏"类型选择器中选择结构框架类型，如图 3.8.8 所示。

图 3.8.6　选择桁架的编辑类型

图 3.8.7　修改桁架参数

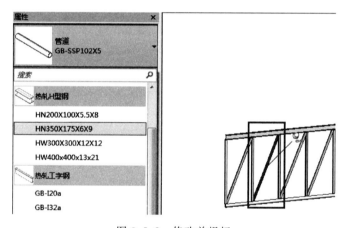

图 3.8.8　修改单根杆

选中整个桁架后"修改"选项卡中出现各种修改项，如图 3.8.9 所示，可以对桁架进行编辑。

图 3.8.9　桁架编辑选项卡

【编辑轮廓】可以对桁架的上弦杆和下弦杆进行编辑，改变桁架的外轮廓，如图 3.8.10 和图 3.8.11 所示。

图 3.8.10　上弦杆改变前

图 3.8.11　上弦杆改变后

【重设轮廓】将编辑过的桁架返回原始状态。

【编辑族】编辑桁架族，可以改变桁架布局等，在后面桁架族中详细讲解。

【重设桁架】将桁架类型及其包含构件重设为默认值。

【删除桁架族】将桁架布局删除，只留下桁架中的结构框架构件，不再是桁架整体。

【附着顶部/底部】【分离顶部/底部】将桁架与屋面、结构楼板附着或分离，如图 3.8.12 和图 3.8.13 所示。

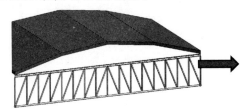

图 3.8.12　上弦杆与楼板分离

图 3.8.13　上弦杆附着楼板

注意：在用"桁架附着"功能时，必须满足以下几个条件：

(1) 必须是上弦杆与下弦杆平行的桁架，人字形桁架以及三角桁架不能正确附着；

(2) 桁架的上弦杆必须高于下弦杆；

(3) 被附着的楼板或屋面必须完全覆盖桁架。

3.8.3　桁架族

对于复杂的桁架建模可以通过创建桁架族来实现。Revit 软件可以根据需要自由创建任意布局的桁架族，具体步骤如下：

建立族文件：

单击【应用程序菜单】>【新建】>【族】命令，弹出如图 3.8.14 对话框，选择"公制

图 3.8.14　选择样板文件

结构桁架"样板，单击【打开】，创建族文件。

在"公制结构桁架"样板文件中，已经定义好了桁架的一些基本数据，如上、下弦杆的参照平面（图3.8.15），桁架的长度及宽度参数以及弦杆腹杆的参数，只需要绘制桁架布局然后定义桁架杆的类型即可。

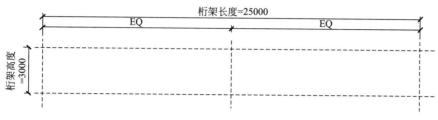

图 3.8.15　公制结构桁架族

绘制上、下弦杆、腹杆：

创建族文件后，首先设置桁架的"高度"、"长度"。然后即可分别绘制布局中的弦杆及腹杆。绘制命令在"创建"选项卡中"详图"面板中，分为【上弦杆】【腹杆】【下弦杆】（图3.8.16），也可以点击任意一个命令后，在绘图面板更改选择的杆件类型（图3.8.17）。系统会自动识别"竖向腹杆"与"斜腹杆"。绘制后"上弦杆"是紫色线，"下弦杆"是蓝色线，"竖向腹杆"是黑色线，"斜腹杆"是绿色线，注意区分。

图 3.8.16　详图面板

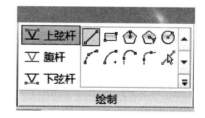

图 3.8.17　绘制命令组

根据需要绘制桁架的节点尺寸和杆件信息，也可导入 CAD 图纸，以图纸作为参照进行绘制，如图3.8.18所示。

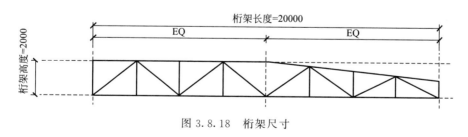

图 3.8.18　桁架尺寸

指定杆件结构形式：

布局绘制完成后，需要给桁架杆指定结构框架类型。单击选项卡【插入】>【从族库中载入】>【载入框架族】命令，进入载入族对话框，选择结构框架族。操作与创建"梁"时载入族类似。

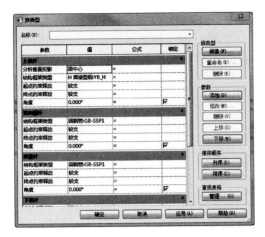

图 3.8.19　上、下弦杆与腹杆的形式

然后单击【创建】>【属性】>【族类型】命令，在"族类型"对话框中，分别设置上、下弦杆与腹杆的"结构框架类型"，如图 3.8.19 所示。

此处可以不设置，载入项目后在桁架"属性栏"里编辑类型中也可以设置。若不设置结构框架类型，桁架杆会默认使用项目中当前"梁"的类型。

在"族类型"对话框右侧还可以选择添加、修改或删除族类型及参数，编辑参数公式等。

保存族文件：

参数输入完成后单击【应用程序菜单】>【另存为】>【族】，为新桁架族输入名称，并单击【保存】。将族载入到项目中，绘制桁架如图 3.8.20。

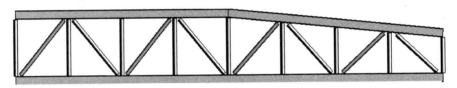

图 3.8.20　自定义桁架族

3.9　绘制支撑

支撑是加强结构水平刚度的构件，属于结构框架的一部分。主要类型有柱间竖向支撑与屋面水平支撑，绘制方法与"梁"基本类似，支撑会将其自身附着到"梁"和"柱"，并根据建筑设计中的修改进行参数化调整。

3.9.1　添加支撑构件

绘制支撑之前同样需要首先载入"结构框架"族，载入方法与前面载入"梁"等构件族一致。

1. 立面中创建"支撑"

切换到立面视图，单击【结构】>【结构】>【支撑】命令，见图 3.9.1。在弹出的"工作平面"对话框的"指定新的工作平面">"名称"中选择绘制支撑所在的轴网，单击【确定】，如图 3.9.2 所示。

在属性栏中选择相应的结构框架类型，在绘图区域中捕捉相应位置进行支撑绘制，如图 3.9.3 和图 3.9.4 所示。

2. 平面中创建"支撑"

切换至平面视图，单击选项卡【结构】>【结构】>【支撑】命令，平面视图中无需设置工作平面，但需要在"选项栏"中定义"起点"与"终点"的标高，如图 3.9.5 所示。

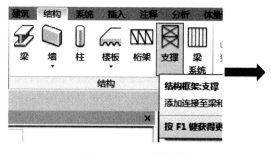

图 3.9.1 支撑面板

图 3.9.2 工作平面对话框

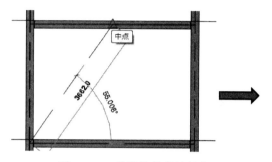

图 3.9.3 捕捉构件的特征点

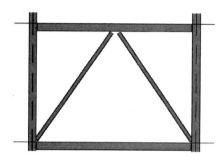

图 3.9.4 完成支撑布置

图 3.9.5 设置支撑的起点和终点

绘图区域中捕捉相应位置，先单击起点，然后点击终点，绘制支撑，如图 3.9.6 和图 3.9.7 所示。

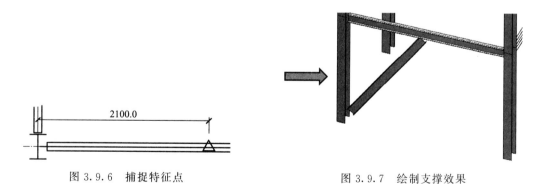

图 3.9.6 捕捉特征点

图 3.9.7 绘制支撑效果

若要绘制水平支撑，则将起点与终点的标高设置成相同即可。

3.9.2 编辑支撑

绘制完成支撑后，在绘图区选择布置好的支撑就可以对其进行编辑。支撑属性栏中"限制条件"与"几何图形位置"的编辑与"梁"的编辑方法基本相同。

若支撑的起点或终点附着于梁，则可以通过调整属性栏中结构面板"附着参数"实现，即固定支撑端点与梁的位置关系。当梁的长度或位置发生变化时，支撑会随之改变。

支撑附着于柱的情况与附着于梁是不同的。如图 3.9.8 与图 3.9.9 中所示，支撑起点附着于柱上，则无附着类型参数，终点附着于梁，可以指定附着参数。

结构	
起点连接	无
终点连接	无
剪切长度	3795.0
结构用途	其他
起点附着标高参照	标高 2
起点附着高程	0.0
终点附着类型	距离
终点附着距离	2000.0
参照图元的终点	终点
启用分析模型	☑

图 3.9.8　支撑属性

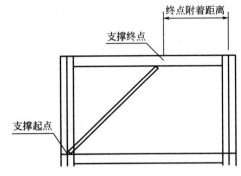

图 3.9.9　支撑附着点示意图

"附着类型"分为"距离"和"比率"，分别可以指定数据：

"距离"：指的是支撑终点与梁的端点之间的距离；

"比率"：指的是支撑终点与梁的端点之间的距离与梁长度的比率。

"参照图元的终点"可选择为"起点"和"终点"，决定上面"梁的端点"是起点还是终点。

第 4 章　建筑专业建模

建筑专业的信息是整个信息模型的核心，因此准确的轴线、标高以及各构件尺寸等信息对整个工程十分重要。建筑区域的功能划分、家具位置等也是建筑专业实现的，是成果交付的重要信息。建筑专业的楼层标高、墙体信息、柱信息与结构专业相应的内容是不同的，这在建模时要注意。在这一章，我们重点介绍建筑专业信息输入，如墙体、门窗、楼梯、栏杆等。

4.1　绘制建筑墙

在墙体绘制时，需考虑墙体高度、构造做法、立面显示、图纸的要求、精细程度的显示以及内外墙体的区别等因素。

4.1.1　绘制墙体

选择【建筑】>【构建】>【墙】。展开的构件类别有：【墙：建筑】、【墙：结构】、【面墙】、【墙：饰条】、【墙：分隔缝】5 种类型可选，见图 4.1.1。结构墙的输入参照上一章的内容，这里不再赘述。

"面墙"是在体量面或常规模型时使用，"墙饰条"与"分隔缝"的设置原理相同，详见后续小节。

单击【墙：建筑】后，可在类型选择器中选择"墙"的类型，见图 4.1.2。若在默认类型中没有所需墙，则点击【编辑类型】，弹出类型属性界面点击【复制】创建新的墙体类型。

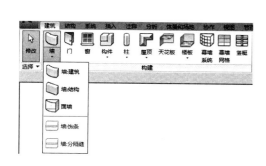

图 4.1.1　墙菜单

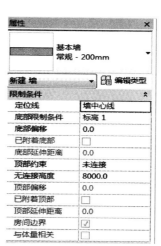

图 4.1.2　墙类型属性信息

墙体的信息包括水平面中的位置信息和高度信息。在"修改/放置墙"选项栏上可对墙高度、定位线、偏移值、墙链、半径进行设置。在绘制面板中选择直线、矩形、多边形、弧形等绘制方法进行墙体绘制。这样完成墙体平面信息的输入，见图 4.1.3。

图 4.1.3　墙布置参数

高度信息包含墙底标高和墙顶标高。在【高度】下拉菜单中有"高度"和"深度"两个选项。建议选择"高度"，当前标高为墙体底部标高，墙体顶部标高的设置可选取"未连接"，并填写所需高度，也可选取当前标高以上的某一标高。如果选"深度"，含义是墙体的顶标高为当前标高。

墙体在厚度方向有多层材料，如保温层、抹灰、饰面等，因此有多个物理意义的参考线。这些参考线与绘制的墙线的关系通过【定位线】来确定。【定位线】选项的含义见图 4.1.4。

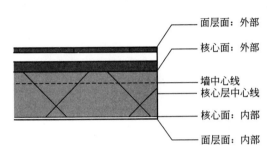

图 4.1.4　多层墙面示意图

【链】勾选后，所绘制的墙体可连续输入（按折线输入）；不勾选，则墙体为一段一段绘制（按线输入）。

【偏移量】输入相应数值后，绘制墙体以定位线为基准向内或向外偏移。

【半径】勾选后，输入相应数值后，墙体端头转角会成按输入的半径倒角。

在视图中选取两点，直接绘制墙体。

注意：绘制墙体时，注意外墙面在从第一点向第二点方向看的左手边，在 Revit 中区分内面墙与外面墙，如若画反，可选中相应墙体，单击空格键或 ↓↑ 翻转符号进行翻转墙体内外面。

4.1.2　拾取命令生成墙体

Revit 软件具有导入 DWG 文件的功能。将导入的二维 dwg 平面图作为底图，选择好墙类型，设置相应高度、定位线、偏移量等参数后，选择"拾取线"命令，拾取平面图上的墙线，Revit 自动生成墙体。也可用"拾取面"命令绘制，应用于体量生成面墙，见图 4.1.5。

图 4.1.5　"拾取线"和"拾取面"命令

4.1.3　修改墙体

1. 输入平面尺寸

点选已绘墙体，可以使用尺寸驱动、鼠标拖动控制点等方式修改墙体位置、长度等信息，如图 4.1.6 所示。激活"修改︱墙"选项卡，以及"属性"对话框，可修改墙的其他参数，包括设置墙体定位线、高度、基面顶面的位置及偏移、结构用途等。

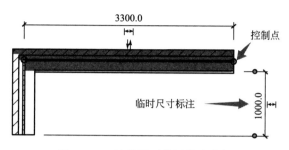

图 4.1.6 墙体平面位置信息编辑

2. 修改墙体参数

在"属性"对话框中，点击【编辑类型】，可以设置不同类型墙的结构、材质以及粗略比例填充样式颜色等，如图 4.1.7 设置填充样式。

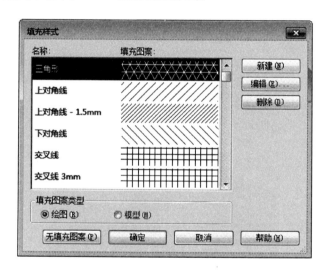

图 4.1.7 墙体填充样式

点击"属性"对话框中"结构"对应的【编辑】，弹出"编辑部件"对话框，见图 4.1.8。墙体构造层厚度及位置关系可自行定义（点击插入、删除、向上以及向下进行设置）。

其中："在插入点"选择"包络"是指当插入门窗时，墙体内外面层的卷边方式。

"在端点"选择"包络"是指在墙体端点处内外面层的卷边方式。

以"在端点包络"为例，如图 4.1.9 所示。若选择"无"包络，则如图 4.1.9（a）所示，内外面层停在端点处；若选择"外部"则如图 4.1.9（b）所示，外面层包裹墙端；若选择"内部"则如图 4.1.9（c）所示，内面层包裹墙端。

3. 其他编辑

在"修改︱墙"上下文选项卡中，可对墙体进行移动、复制、旋转、阵列、镜像、对齐、拆分、修剪、偏移等常规编辑命令。

图 4.1.8　编辑部件

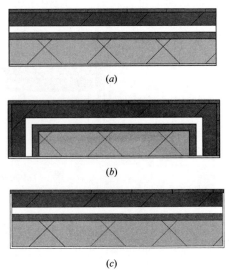

图 4.1.9　墙体包络示意图

4. 编辑立面轮廓

在平面图中，激活"修改│墙"选项卡，点击"模式"面板的【编辑轮廓】按钮，弹出"转到视图"对话框。任意选择一个立面后，进入相应立面的绘制轮廓草图编辑模式。使用【直线】等绘制工具绘制封闭轮廓，单击"完成绘制"按钮，可生成封闭轮廓形状的墙体，如图 4.1.10 所示。

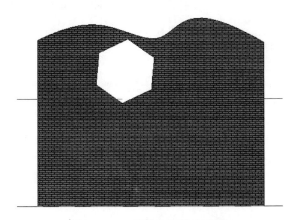

图 4.1.10　墙体立面轮廓编辑

如需一次性还原原始形状，则点击【重设轮廓】即可。

5. 附着/分离顶底部

选择墙体，激活"修改│墙"选项卡，点击"修改"面板的【附着顶部/底部】按钮后，再拾取需要附着的屋顶、天花板、楼板或参照平面。此时墙体形状自动发生变化，连接到屋顶、天花板、楼板或参照平面上。单击【分离顶部/底部】可将墙从上述平面上分离，恢复墙体原始形状，如图 4.1.11 所示。

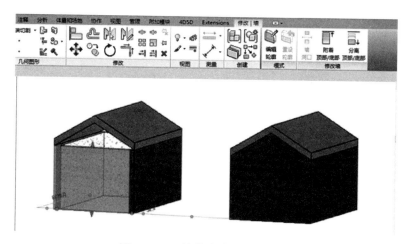

图 4.1.11 墙体附着效果示意图

6. 复合墙

复合墙是指在一面墙中不同高度下有几个材质。设置方法如下：

从类型选择器中选择墙的类型，单击【编辑类型】复制创建一个新的墙体类型，点击"结构"对应的【编辑】按钮，弹出"编辑部件"对话框，如图 4.1.12 所示。

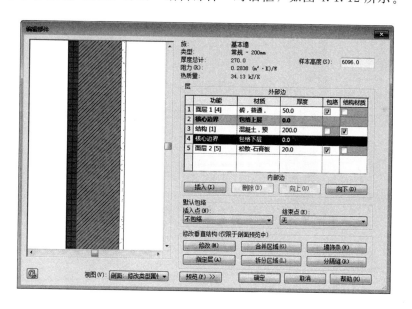

图 4.1.12 复合墙设置界面

单击【插入】按钮，添加一个构造层，并为其指定功能、材质、厚度，使用"向上"或"向下"按钮调整其里外位置。

单击"修改垂直结构"面板中的【拆分区域】按钮。在左侧剖面图上，将所选构造层拆分为上、下多个部分，可用【修改】命令修改尺寸及调整拆分边界位置，原始构造层厚度值变为"可变"，如图 4.1.13 所示。

单击【插入】按钮，增加所需个数的构造层，设置其材质，厚度为 0.

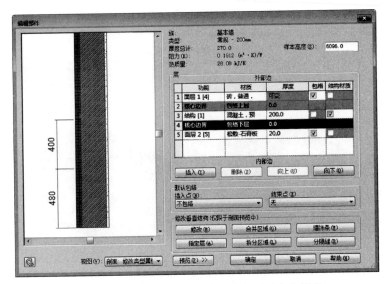

图 4.1.13 复合墙的某一层拆分成上下多个部分

单击选择一个新加构造层，点击"修改垂直结构"面板中的【指定层】按钮，在左侧墙体剖面预览框中选择上步操作拆分的某个部分，指定给该图层，如图 4.1.14 所示。

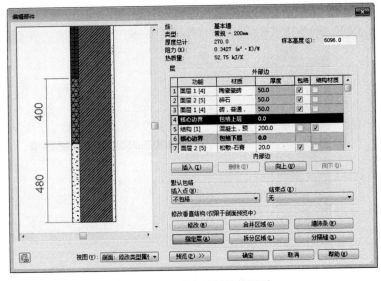

图 4.1.14 设置局部墙体材质

用同样操作对所有图层设置即可实现一面墙在不同高度有多个材质的需求，如图 4.1.15 所示。

7. 叠层墙

叠层墙是指由若干个不同子墙（基本墙类型）相互堆叠在一起组成的墙体，可以在不同的高度定义不同的墙厚、复合层和材质。

从"类型属性"对话框的"族"中选择叠层墙类型，例如："叠层墙：外部—砌块勒脚砖墙"。点击【编辑类型】按钮，弹出类型属性对话框，点击结构对应的【编辑】按钮，弹出编辑部件对话框，如图 4.1.16 所示。

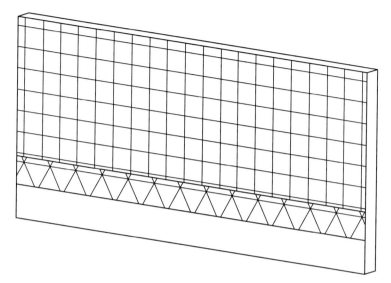

图 4.1.15　复合墙体示意图

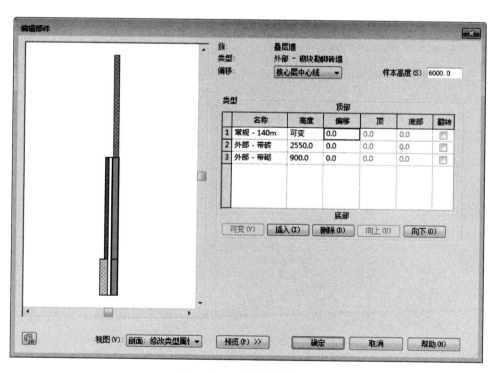

图 4.1.16　叠层墙的设置

【偏移】设置子墙以何种定位线位置放置。

在"类型"面板中，可以选择子墙的类型，设置子墙的高度，其中一段高度必须为"可变"，可插入、删除相应子墙，通过【向上】或【向下】操作调整。布置好的叠层墙见图 4.1.17。

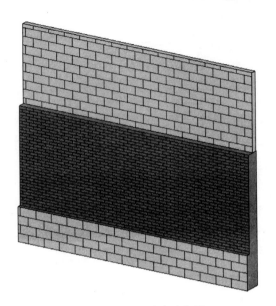

图 4.1.17　叠层墙示意图

4.1.4　放置墙饰条、分隔缝

在已经绘制好墙体的情况下，点击"建筑"选项卡里"墙"下拉菜单的【墙：饰条】。可在三维视图或立面视图中为墙添加装饰条，也可在"放置"面板选择【水平】或【垂直】放置墙饰条。将光标移动到墙上以高亮显示墙饰条位置，单击放置墙饰条。见图 4.1.18。

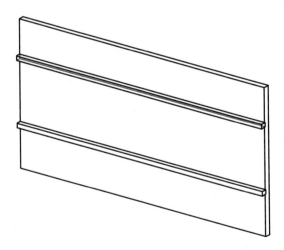

图 4.1.18　墙饰条放置

若要在不同位置放置墙饰条，可单击【重新放置墙饰条】按钮，进行多个墙饰条放置。

同理，分隔缝的放置方法与上述墙饰条相同，不再赘述。

4.2 绘制门窗族

门窗在项目中可以通过修改类型参数，如门窗的宽、高和材质等，从而形成新的门窗类型。门窗的布置依赖于墙，当墙体删除，门窗随之也被删除。

4.2.1 插入门窗

选择"建筑"选项卡，单击"构建"面板中的【门】或【窗】按钮，在【属性】>【类型选择器】中选择所需的门或窗类型，如若没有所需类型，则可选择从【插入】选项卡【从库中载入】面板载入。

在选定好的楼层平面内，点击"修改｜放置门（窗）"选项卡中"标记"面板上的【在放置时进行标记】按钮，放置门窗后即自动标记门窗。在"选项栏"中，勾选【引线】，则可设置引线长度。移动光标至墙主体上单击放置即可，见图 4.2.1。

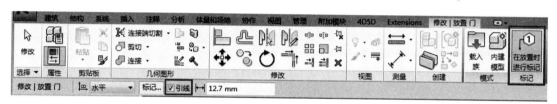

图 4.2.1 门窗布置选项栏

门窗插入技巧：

（1）只需在大致位置插入门窗。然后单击已插入门窗，通过修改临时尺寸标注或尺寸标注来精确定位，见图 4.2.2。

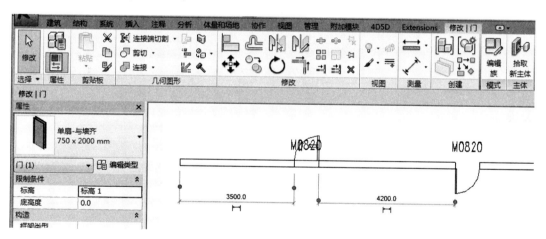

图 4.2.2 修改门窗定位

（2）插入门窗时输入 SM，可自动捕捉到中点插入。门窗插入后，可在平面单击双向箭头来翻转门窗开启方向，或按空格键进行翻转。

（3）单击已插入的"门"，激活"修改｜墙"选项卡，选择"主体"面板的【拾取新主体】命令，可使门更换放置主体墙，即将门移动放置到其他墙上。

（4）在平面插入窗，窗台高为"默认底高度"参数值，见图 4.2.3。在立面上，可以在任意位置插入窗，当插入窗族时，立面出现绿色虚线，此时窗台高度是基于距离底部最近标高加上"默认底高度"参数值，见图 4.2.4。

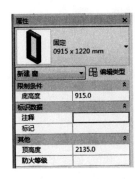

图 4.2.3　窗属性

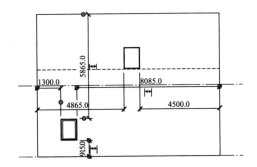

图 4.2.4　窗定位尺寸

4.2.2　编辑门窗

（1）单击已插入的门窗，自动激活"修改｜门/窗"选项卡，在"属性"对话框内，可修改门窗的标高、底高度、顶高度等实例参数。

（2）单击【编辑类型】，弹出"类型属性"对话框。单击【复制】可创建新的门窗类型。可根据工程需要修改门窗的高度、宽度、窗台高度以及框架和玻璃嵌板的材质等可见性参数，然后点击【确定】。

注意：修改"类型属性"内的参数值后，只对随后插入的门窗进行改变，对之前插入的门窗参数不产生影响。

（3）选择已绘门窗，出现方向控制符号和临时尺寸，单击可改变开启方向和位置尺寸。也可用鼠标拖动门窗改变门窗位置，原墙体洞口位置自动复原。见图 4.2.5。

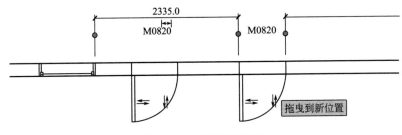

图 4.2.5　调整门窗位置

4.3　绘制楼板

结构楼板的绘制在上一章详解过，本小节主要介绍以楼板的面层标高为默认楼层标高的建筑楼板。在楼板编辑中，不仅可以编辑楼板的平面形状、开洞口和楼板坡度，还可修改楼板的空间形状。此外，软件还提供了"基于楼板的公制常规模型"族样板，方便用户自行定制。

4.3.1 创建楼板

单击"建筑"选项卡下"构建"面板中"楼板"的下拉菜单。选择【楼板：建筑】后会自动激活"创建楼层边界"选项卡。单击【线】命令，绘制封闭楼板轮廓，也可单击【拾取墙】命令，完成楼板轮廓的输入。如需偏移，可在选项栏中设置楼板边缘偏移量数值，见图4.3.1。

图4.3.1 设置楼板边缘偏移值

"延伸到墙中心（至核心层）"是指拾取墙时将拾取到有涂层和构造层的复合墙的核心边界位置。

将鼠标移至墙体上，按Tab键可切换选择方式，可一次选中所有外墙单击生成楼板边界。若出现交叉线条，可使用【修剪】命令进行编辑，成封闭楼板轮廓。完成草图绘制后，单击【完成编辑模式】，即可生成楼板，如图4.3.2。

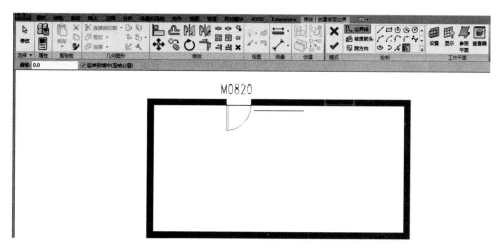

图4.3.2 由墙生成楼板

如果需要修改楼板信息则可以点击已绘制楼板，激活"修改｜楼板"选项卡，点击"模式"面板上的【编辑边界】命令，可修改楼板边界形状。进入绘制轮廓草图模式，单击绘制面板下的【边界线】、【直线】等命令，进行楼板边界的修改。该功能可以将楼板修改成异型轮廓，也可在楼板边界线内直接绘制洞口轮廓（闭合多边形），如图4.3.3所示。

创建楼板技巧：

如若上下层楼板完全一致，可选择使用剪贴板面板上的【复制到剪贴板】工具，具体操作如下：

点击已绘制楼板，激活"修改｜楼板"选项卡，单击"剪贴板"面板上的【复制到剪贴板】，激活【粘贴】命令，见图4.3.4。点击其下拉菜单，点选【与选定的标高对齐】命

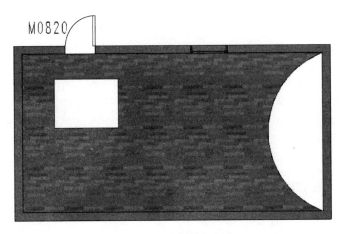

图 4.3.3　编辑楼板形状

令，选择图 4.3.5 目标标高名称，楼板将自动复制到所选楼层。

图 4.3.4　复制到剪贴板

图 4.3.5　选择楼层标高

4.3.2　创建斜楼板

在编辑楼板模式下，单击"绘制"面板上的【坡度箭头】命令，绘制坡度箭头。在属性类型对话框中设置"尾高度偏移"或"坡度"值，点击确定完成绘制，如图 4.3.6 所示。

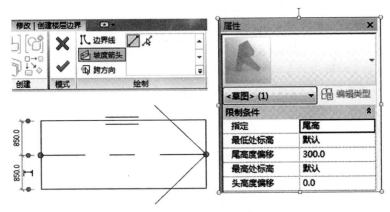

图 4.3.6　斜楼板创建

4.3.3 编辑楼板

选择楼板，激活"修改｜楼板"选项卡，在"属性"对话框中点击【编辑类型】命令，弹出"类型属性"对话框修改类型属性，见图4.3.7。

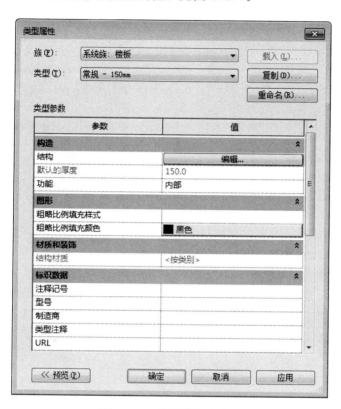

图 4.3.7 楼板属性对话框

编辑楼板控制点高度：

选择楼板，自动激活"修改｜楼板"选项卡，单击"形状编辑"面板上的【修改子图元】进入点编辑状态，单击需要修改的点，在点的右侧会出现"0"数值，该数值表示偏离楼板的相对标高的距离，可以通过修改其数值使该点高出或低于楼板的相对标高，如图4.3.8所示。

图 4.3.8 编辑楼板角点标高

修改平面内形状：

点击"形状编辑"面板上的【添加点】命令，可在楼板需要添加控制点的地方上增加控制点（见图 4.3.9）。

点击【添加分割线】命令，则可将楼板分为多部分，实现更加灵活的调节（见图 4.3.10）。

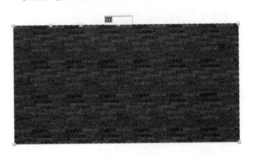
图 4.3.9　增加控制点

图 4.3.10　添加分割线

工程应用示例：

点击【添加分割线】，输入分割线将楼板分割成两块，再使用【拾取支座】命令选择梁，完成为楼板创建恒定承重线（图 4.3.11）操作。（注：点击【重设形状】可使楼板恢复原来形状。）

利用修改子图元等功能，可以将楼板做成找坡层或内排水。这里以楼层内排水为例，单击【添加点】命令，在内排水的排水孔处增加一个控制点，单击【修改子图元】，点击新添加的控制点，修改其偏移值，形成排水高差，见图 4.3.12。

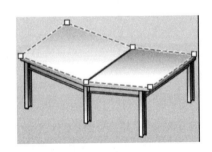
图 4.3.11　确定承重线

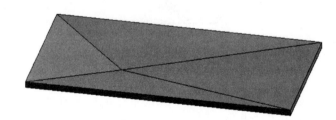
图 4.3.12　建立内排水

4.4　绘制屋顶

在 Revit 中提供多种建屋顶工具，如迹线屋顶、拉伸屋顶、面屋顶等常规工具。此外，对于一些造型特殊的屋顶，还可以通过内建模型来创建。

4.4.1　创建屋顶

1. 创建迹线屋顶

（1）坡屋顶、平屋顶

单击"建筑"选项卡中"构建"面板上的"屋顶"下拉菜单，选择【迹线屋顶】命令，进入绘制屋顶轮廓草图模式。

激活"创建屋顶迹线"选项卡后，单击"绘制"面板下的【拾取墙】按钮，在选项栏中勾选【定义坡度】复选框，设定悬挑参数值，同时勾选"延伸到墙中（至核心层）"复选框，拾取墙是将拾取到有涂层和构造层的符合墙体的核心边界位置，如图4.4.1所示。

图 4.4.1　定义坡度

选择所有外墙，如出现交叉线条，使用【修剪】命令编辑成封闭屋顶轮廓，或选择【线】等命令，绘制封闭屋顶轮廓。单击【完成】生成屋顶，如图4.4.2所示。

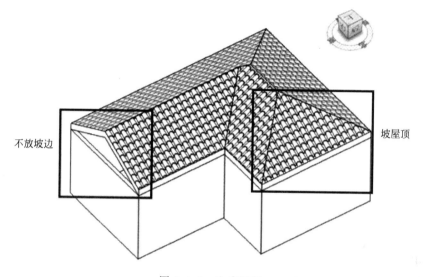

图 4.4.2　生成屋顶

注意：若不勾选【定义坡度】，则不放坡。

（2）圆锥屋顶

单击"建筑"选项卡中"构建"面板上的"屋顶"下拉菜单，选择【迹线屋顶】命令，进入绘制屋顶轮廓草图模式。

激活"创建屋顶迹线"选项卡后，单击"绘制"面板下的【拾取墙】、【圆形】或【起点－终点－半径弧】等绘制弧线按钮绘制有圆弧线条的封闭轮廓线，在选项栏勾选【定义坡度】复选框，设置屋面坡度。单击【完成】结束绘制，如图4.4.3所示。

（3）双坡屋顶

单击"建筑"选项卡中"构建"面板上的"屋顶"下拉菜单，选择【迹线屋顶】命令，进入绘制屋顶轮廓草图模式。在选项栏取消勾选【定义坡度】复选框，使用【拾取墙】或【线】命令绘制矩形轮廓。点击"工作平面"面板上的【参照平面】，根据需要尺寸绘制相应参照平面，调整临时尺寸，如图4.4.4所示。

单击"绘制"面板上的【坡度箭头】命令，根据参照平面绘制坡度线（如图4.4.5所示），单击绘制好的坡度箭头，在"属性"对话框里选择"坡度"属性，单击【完成】屋

图 4.4.3 圆锥屋顶

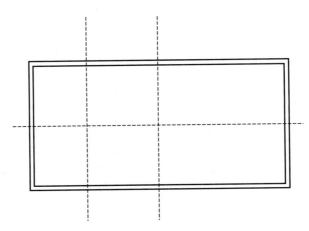

图 4.4.4 拾取墙

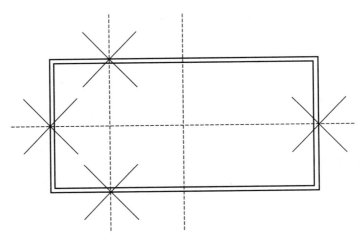

图 4.4.5 绘制坡度线

顶,如图 4.4.6 所示。

2. 编辑迹线屋顶

选择迹线屋顶,单击屋顶进入修改模式。单击【编辑迹线】命令,可以修改屋顶轮廓

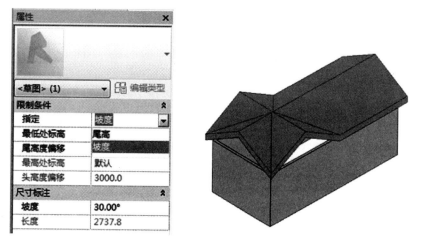

图 4.4.6 生成屋顶

草图，完成屋顶设置；在"属性"对话框中可修改所选屋顶的标高、偏移、截断层、椽截面、坡度等参数；在"类型属性"中可设置屋顶的构造（结构、材质、厚度）、粗略比例填充样式等，如图 4.4.7 所示。

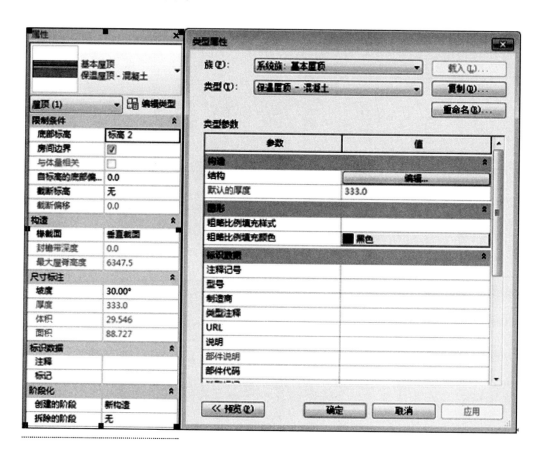

图 4.4.7 设定属性

如需将两个屋顶相连接，单击"修改"选项卡上"几何图形"面板的【连接/取消连接屋顶】 命令，然后点击需要连接的屋顶边缘及要被连接的屋顶，完成连接屋顶，如图 4.4.8 所示。

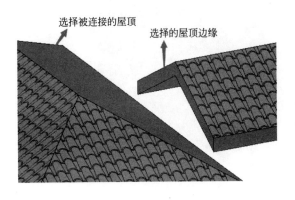

图 4.4.8　连接屋顶

3. 拉伸屋顶

对于从平面上不能创建的屋顶或是异形屋顶，可以从立面上使用拉伸屋顶创建模型，如图 4.4.9 所示的屋顶可按以下操作创建。

（1）创建拉伸屋顶

单击"建筑"选项卡中"构建"面板上的"屋顶"下拉菜单，选择【拉伸屋顶】命令，进入绘制屋顶轮廓草图模式。

在随后弹出"工作平面"对话框中设置工作平面（选择参照平面或轴网绘制屋顶的截面线），选择工作视图（立面、框架立面、剖面或三维视图作为操作视图），如图 4.4.10 所示。

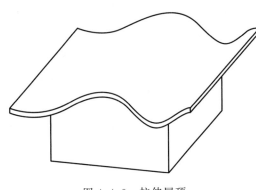

图 4.4.9　拉伸屋顶

绘制屋顶的截面线无需闭合，单线绘制即可，完成绘制如图 4.4.11 所示。

单击完成绘制，如图 4.4.12 所示。

（2）编辑拉伸屋顶

编辑拉伸屋顶方法与编辑迹线屋顶类似，具体内容请参照编辑迹线屋顶。

4. 玻璃斜窗

单击已绘制好的屋顶，在"类型选择器"中选择"玻璃斜窗"，即可完成更换类型。

单击"建筑"选项卡中"构建"面板下【幕墙网格】命令分隔玻璃，用【竖挺】命令来添加竖挺，如图 4.4.13 所示。

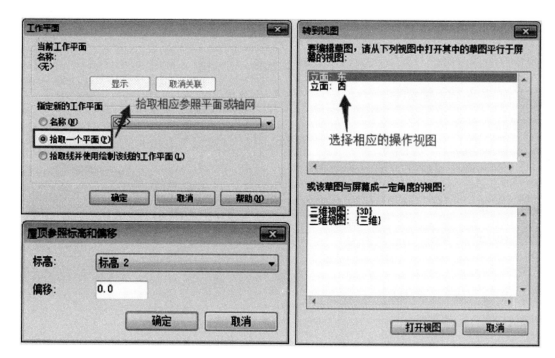

图 4.4.10　选择工作平面

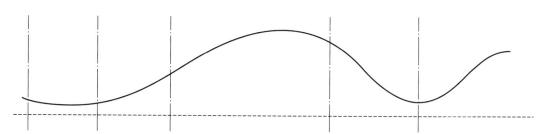

图 4.4.11　绘制轨迹

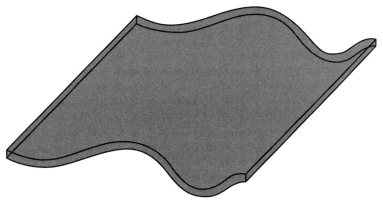

图 4.4.12　生成屋顶

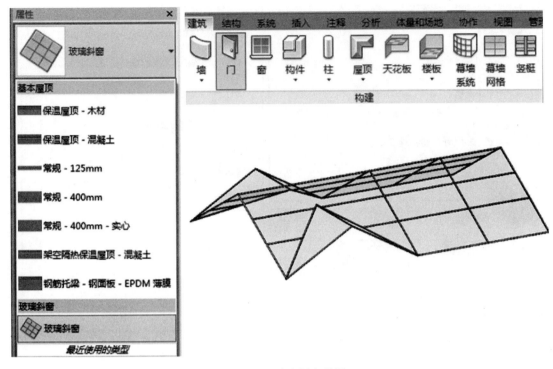

图 4.4.13　玻璃斜窗效果

4.4.2　创建屋檐底板、封檐带、檐沟

1. 屋檐底板

单击"建筑"选项卡中"构建"面板上的"屋顶"下拉菜单，选择【屋檐：底板】命令，进入绘制轮廓草图模式。

单击【拾取屋顶】命令选择屋顶，单击【拾取墙】命令选择墙体，自动生成轮廓线，使用【修剪】命令修剪轮廓线成封闭轮廓，完成绘制。

在三维视图或立面视图中选择屋檐底板，可修改属性参数标高及偏移值，设置屋檐底板与屋顶的相对位置。

单击"修改"选项卡下"几何图形"面板上【连接几何图形】命令，连接屋檐底板和屋顶如图 4.4.14 所示。

2. 封檐带

选择"建筑"选项卡，在"构建"面板中"屋顶"下拉列表中选择"屋顶：封檐带"选项。进入拾取轮廓线草图模式。

单击拾取屋顶的边缘线，自动以默认轮廓样式生成"封檐带"，完成绘制，如图 4.4.15 所示。

在三维视图中选中封檐带，修改"属性"中封檐带的"垂直/水平轮廓偏移"值及角度值，可调整封檐带与屋顶的相对位置，单击"编辑类型"弹出"类型属性"对话框，可对封檐带的轮廓样式及材质进行设置，如图 4.4.16 所示。

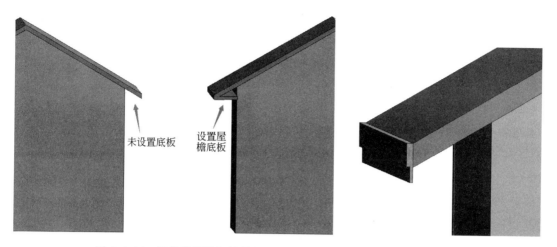

图 4.4.14 屋檐底板添加效果　　　　　　　　　图 4.4.15 封檐带

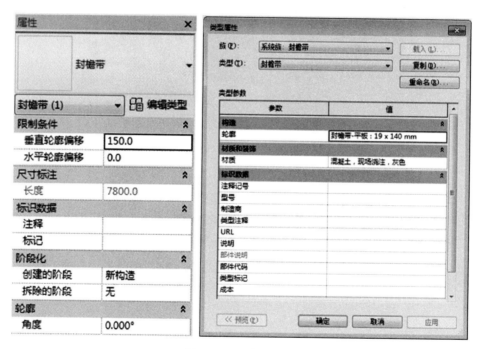

图 4.4.16 编辑类型

　　点击已创建的封檐带，激活"修改｜封檐带"选项卡，在"屋顶封檐带"面板上可使用【添加/删除线段】增减封檐带数量，点击【修改斜接】选项，修改斜接的方式有"垂直"、"水平"、"垂足"3 种方式，如图 4.4.17 所示。

　　3. 檐沟

　　选择"建筑"选项卡，在"构建"面板中"屋顶"下拉列表中选择"屋顶：檐沟"选项。进入拾取轮廓线草图模式。

　　单击拾取屋顶的边缘线，自动以默认轮廓样式生成"檐沟"，完成绘制，如图 4.4.18 所示。

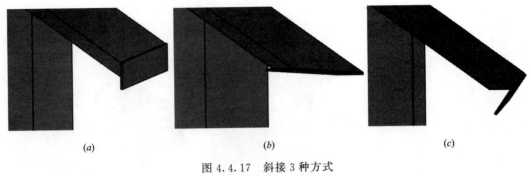

(a)　　　　　　　　　　(b)　　　　　　　　　　(c)

图 4.4.17　斜接 3 种方式

(a) 垂直；(b) 水平；(c) 垂足

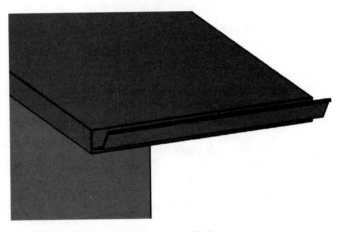

图 4.4.18　檐沟

在三维视图下，点击已绘制的檐沟，可修改相应属性，过程类似于封檐带，这里不再做具体描述，具体参见上一小节封檐带内容。

注意：封檐带与檐沟的轮廓可根据项目需要用"公制轮廓—主体"族样板来创建新的轮廓族。

4.5　绘制洞口

Revit 提供五种"洞口"样式来方便建筑师创建洞口，例如：面洞口、垂直洞口、老虎窗洞口等。

4.5.1　创建面洞口

单击"建筑"选项卡的"洞口"面板中【按面洞口】命令后，点击拾取屋顶、楼板或天花板的某一面，进入草图绘制模式，绘制洞口形状，于该面进行垂直剪切，单击"完成编辑模式"完成洞口创建，如图 4.5.1 所示。

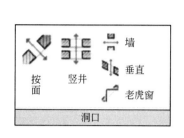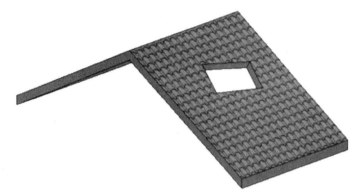

图 4.5.1 面洞口

4.5.2 创建竖井洞口

单击【竖井洞口】命令，进入草图绘制轮廓模式，在属性选项中设置顶底偏移值及洞口的裁切高度（图 4.5.2），也可在绘制完成后在立面或三维视图中选中竖井洞口利用上下箭头调节洞口裁切高度（图 4.5.3），然后在平面视图绘制洞口形状，完成洞口的创建如图 4.5.4 所示。

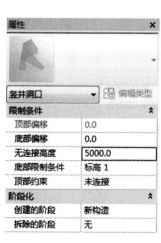

图 4.5.2 竖井洞口设置

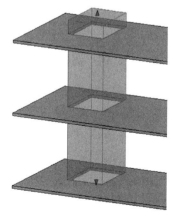

图 4.5.3 竖井洞口生成

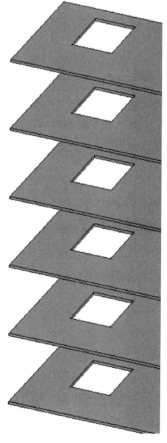

图 4.5.4 竖井洞口效果

4.5.3　创建墙洞口

单击【墙洞口】命令，可以在直墙或曲面墙中剪切一个矩形洞口，完成洞口的创建，如图 4.5.5 所示。

图 4.5.5 墙体洞口

注意：这里的墙洞口命令只能绘制矩形形状，若想绘制异形洞口，参见 4.1.3 编辑墙体章节。

4.5.4　创建垂直洞口

单击【垂直洞口】命令，拾取屋顶、楼板或天花板，进入草图绘制模式，绘制洞口形状，单击"完成编辑模式"完成洞口的创建。垂直洞口和面洞口的区别在于垂直洞口的侧壁是垂直于水平面的，而面洞口的侧壁是垂直于所属面的，见图 4.5.6。

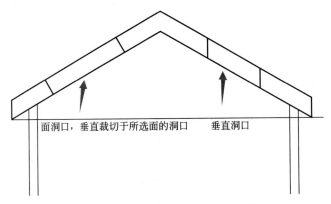

图 4.5.6　垂直洞口与面洞口区别

4.5.5　创建老虎窗洞口

在坡面屋顶上创建老虎窗所需的三面墙体，设置好墙体的偏移值，如图 4.5.7 所示。再创建老虎窗上的双坡屋顶，如图 4.5.8 所示。

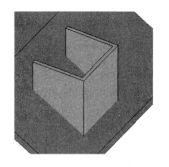

图 4.5.7　绘制墙体

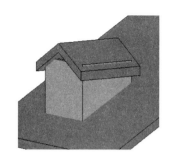

图 4.5.8　双坡屋顶

将墙体与老虎窗屋顶进行附着处理，见图 4.5.9。

单击"修改"选项卡下"几何图形"面板上的【连接/取消连接屋顶】按钮，点击双坡屋顶端点处需连接的一条边，再在坡面屋顶上选择要连接的面，将老虎窗屋顶与主屋顶进行"连接屋顶"处理，如图 4.5.10 所示。

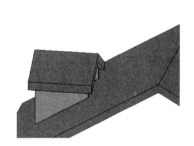

图 4.5.9　连接屋顶

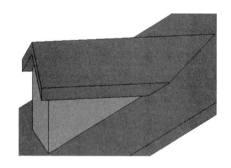

图 4.5.10　连接屋顶

单击【老虎窗洞口】命令，拾取主坡面屋顶，进入"拾取边界"模式，选择老虎窗屋顶底面、墙的内侧面等有效边界，修剪边界线条（图 4.5.11），完成边界剪切洞口，如图 4.5.12 所示。

图 4.5.11　拾取边界

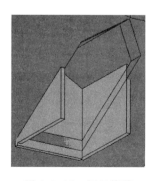

图 4.5.12　洞口修剪

最后将墙体与主屋顶进行底部附着（图 4.5.13），完成整个老虎窗洞口的绘制，如图 4.5.14 所示。

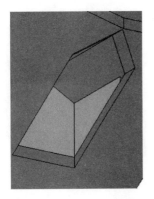

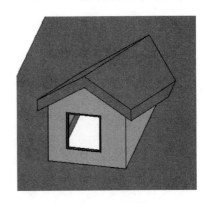

图 4.5.13　墙体底部附着　　　　　　　　　图 4.5.14　老虎窗效果图

4.6　绘制天花板

4.6.1　创建天花板

单击"建筑"选项卡下"构建"面板中的【天花板】命令，激活"放置天花板"选项卡，如图 4.6.1 所示。

图 4.6.1　天花板

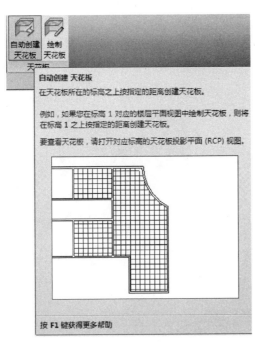

图 4.6.2　自动创建天花板

单击"类型选择器"选择天花板的类型。单击"自动创建天花板"命令，可以在以墙为界限的面积内创建天花板，如图 4.6.2 所示。

点击【绘制天花板】按钮，可自行创建天花板，单击"绘制"面板中的"边界线"绘制工具，在绘图区域绘制轮廓即可，如图 4.6.3 所示。

4.6.2　编辑天花板

在"属性"列表里可调整"自标高的高度偏移值"达到所需的天花板安装位置，如图 4.6.4 所示。

点击【编辑类型】，弹出"类型属性"对话框，可对天花板的结构、厚度、粗略比例填充样式颜色等进行编辑，如图 4.6.5 所示。

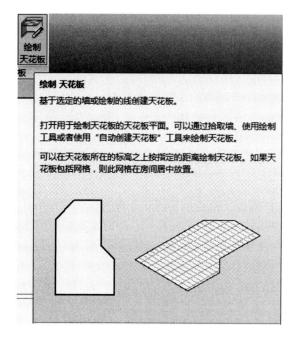

图 4.6.3 绘制天花板

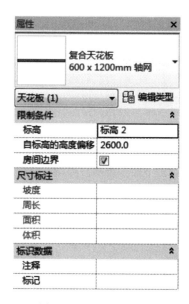

图 4.6.4 天花板属性

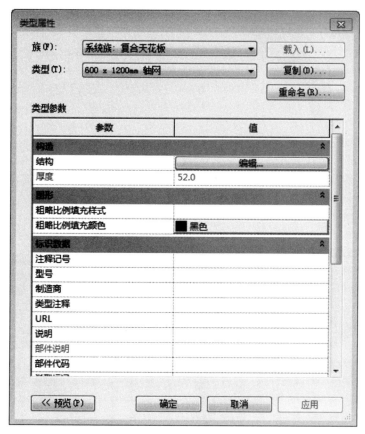

图 4.6.5 编辑天花板类型

4.7　绘制楼梯扶手

4.7.1　按构件绘制楼梯

（1）单击"建筑"选项下"楼梯坡道"面板中"楼梯"下拉菜单的【楼梯（按构件）】命令，进入绘制楼梯草图模式。点击命令后自动激活"创建楼梯"选项卡，选择"绘制"面板下的"梯段"内的构件绘制工具，如直梯、全踏步螺旋、L 形转角等，可直接绘制楼梯。

（2）在"属性"面板中单击编辑类型，弹出"类型属性"对话框，选择自己所需的楼体样式，单击"确定"完成。

（3）在"属性"面板中设置楼梯宽度、顶底部标高和偏移值，如需要楼梯跨越多个标高相同的连续层，可通过【多层顶部标高】指定需达到的顶层标高，自动创建多层相同楼梯。

（4）在绘图区域捕捉每跑的起点、终点位置绘制梯段，注意梯段草图下方的提示：创建了 20 个踢面，剩余 0 个。完成绘制后，楼梯扶手自动生成，见图 4.7.1。

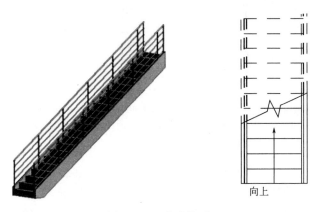

图 4.7.1　生成扶手

注意：绘制梯段时是以梯段中心为定位线开始绘制的。

根据不同的楼梯形式，可以选择不同构件绘制楼梯，例如全踏步螺旋、L 形转角、U 形转角等，如图 4.7.2 所示。

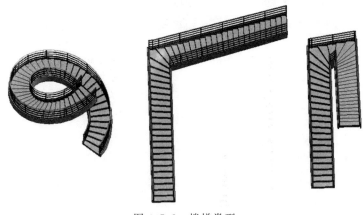

图 4.7.2　楼梯类型

4.7.2　按草图绘制楼梯

1. 用梯段命令创建楼梯

（1）单击"建筑"选项下"楼梯坡道"面板中的"楼梯"下拉菜单的【楼梯（按草图）】命令，进入绘制楼梯草图模式，自动激活"创建楼梯"选项卡，单击"绘制"面板下的"梯段"内的绘制工具"直线"和"圆心—端点弧"来绘制楼梯。

（2）在"属性"面板中单击编辑类型，弹出"类型属性"对话框，选择自己所需的楼楼梯样式，设置类型属性参数：踏板、踢面、踢边梁等的位置、高度、厚度尺寸、材质、文字等，单击"确定"完成。

（3）在"属性"面板中设置楼梯宽度、顶底部标高和偏移值。如需要楼梯跨越多个标高相同的连续层，可通过修改【多层顶部标高】参数指定需达到的顶层标高，自动创建多层相同楼梯。

（4）在绘图区域捕捉每跑的起点、终点位置绘制梯段，注意梯段草图下方的提示：创建了 32 个踢面，剩余 0 个。调整休息平台边界位置，完成绘制后，楼梯扶手自动生成，如图 4.7.3 所示。

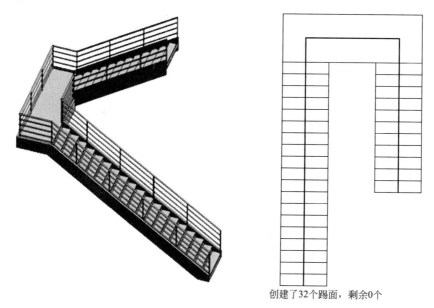

创建了32个踢面，剩余0个

图 4.7.3　梯段绘制楼梯

2. 用边界和踢面命令创建楼梯

（1）单击"边界"内的绘制工具按钮，分别绘制楼梯踏步和休息平台边界。

注意：踏步和平台处的边界线需要分段绘制，否则软件将把平台也当成长踏步来处理。

（2）单击"踢面"按钮，绘制楼梯踏步线。注意梯段草图下方的提示，"剩余 0 个"时即表示楼梯跑到了预定层高位置，如图 4.7.4 所示。

绘制技巧：

若绘制相对比较规则的异形楼梯，可先用"梯段"命令绘制常规梯段，然后删除原来

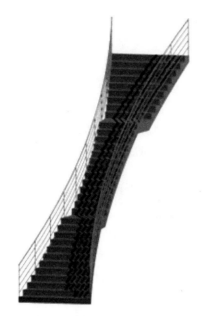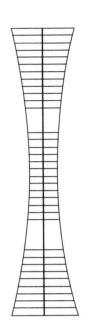

图 4.7.4　楼梯形状

的直线边界或踢面线，再用"边界"和"踢面"命令绘制即可。

4.7.3　绘制扶手

1. 扶手的创建

扶手的创建有两种方式：

（1）单击"建筑"选项卡下的"楼梯坡道"面板中的【栏杆扶手】按钮，进入绘制栏杆扶手路径绘制草图模式。

用"线"等绘制工具绘制连续的扶手路径线路（扶手的平段和斜段要分开绘制）。单击"完成编辑模式"按钮创建扶手，如图 4.7.5 所示。

图 4.7.5　绘制路径创建扶手

（2）单击"建筑"选项卡下的"楼梯坡道"面板中的【栏杆扶手】按钮下拉菜单【放置在主体上】，进入"创建主体上的栏杆扶手位置"模式。

在"修改"选项卡中的"位置"面板上，结合需要添加扶手的楼梯的类型，选择【踏板】或【梯边梁】选项，点击楼梯，生成两侧扶手，见图4.7.6。

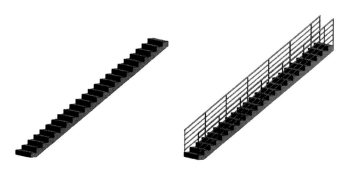

图4.7.6　创建主体上的栏杆扶手

2. 扶手的编辑

（1）编辑扶手路径

选择扶手，点击"修改栏杆扶手"选项卡"模式"面板【编辑路径】按钮，编辑扶手路径位置。

（2）自定义扶手

单击"插入"选项卡下"从库中载入"面板中的【载入族】按钮，载入需要的扶手、栏杆族。选择扶手，在"属性"面板中单击"编辑类型"，弹出"类型属性"对话框，编辑类型属性，如图4.7.7所示。

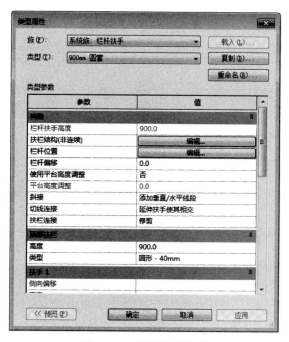

图4.7.7　编辑扶手类型

单击"扶栏结构"对应的【编辑】按钮，弹出"编辑扶手"对话框，编辑扶手结构：插入新扶手或复制现有扶手，设置扶手名称、高度、偏移、轮廓、材质等参数，调整扶手上、下位置，如图 4.7.8 所示。

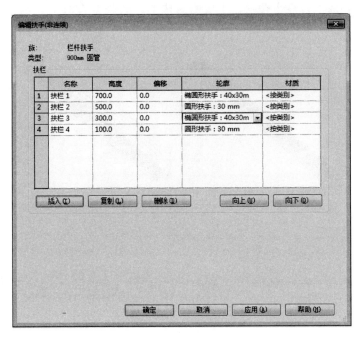

图 4.7.8　设置扶手

单击"栏杆位置"对应的"编辑"按钮，弹出"编辑栏杆位置"对话框，编辑栏杆位置：布置主栏杆样式和支柱样式——设置主样式和支柱的栏杆族、底部及底部偏移、顶部及顶部偏移、相对距离、偏移等参数。确定后，如图 4.7.9 所示，创建出新的扶手样式。

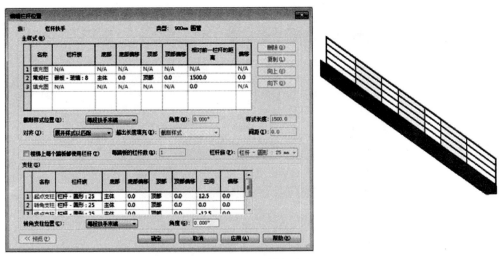

图 4.7.9　设置栏杆位置

4.8　绘制幕墙

幕墙是现代建筑设计中被广泛应用的一种建筑构件，由幕墙网格、竖梃和幕墙嵌板组成，如图 4.8.1 所示。幕墙是墙体的一种特殊类型，其绘制方法和常规墙体相同，并具有常规墙体的各种属性。幕墙默认有三种类型，分别为幕墙、外部玻璃、店面。

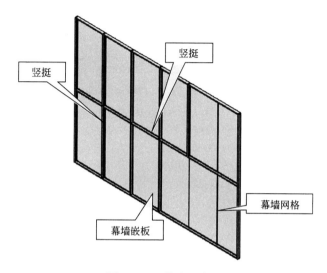

图 4.8.1　幕墙示意图

4.8.1　创建网格规则幕墙

绘制幕墙：

选择【建筑】>【构建】>【墙】>【墙：建筑】，在类型浏览器中选择所需幕墙类型（图 4.8.2），即可激活"放置墙"上下文选项卡，可见绘制面板，如图 4.8.3 所示。

注意：绘制弧形幕墙需要添加垂直竖梃，才能正常显示。

高度设置方法与普通墙一致，可以在选项栏也可在属性面板的限制条件中设置，如图 4.8.4 所示。

注意：在选项栏设置墙高时，要注意选择"高度"还是"深度"。

图元属性修改：

选择幕墙，自动激活"修改｜墙"上下文选项卡，出现"属性"面板。在限制条件中可以输入幕墙的高度参数，见图 4.8.5。网格样式分为垂直网格和水平网格，编号和对正可在设置类型属性后进行调整，见图 4.8.6。尺寸标注中自动计算该幕墙的长度与面积，见图 4.8.7。

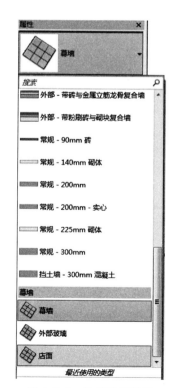

图 4.8.2　选择幕墙类型

图 4.8.3　幕墙绘制面板

图 4.8.4　在选项栏中输入参数

图 4.8.5　属性面板

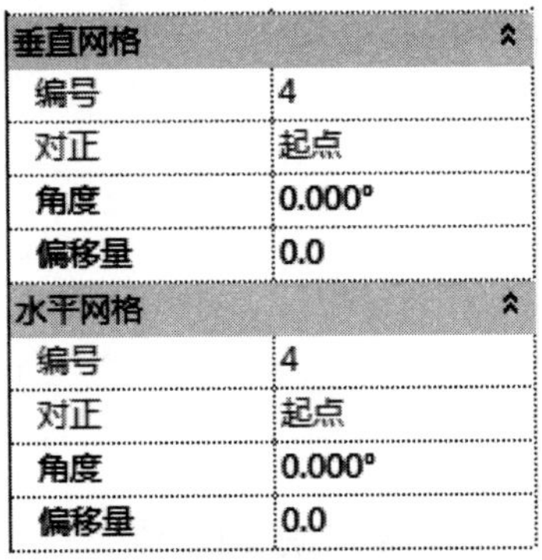

垂直网格		⌃
编号	4	
对正	起点	
角度	**0.000°**	
偏移量	**0.0**	
水平网格		⌃
编号	4	
对正	起点	
角度	**0.000°**	
偏移量	**0.0**	

图 4.8.6　幕墙网格样式参数

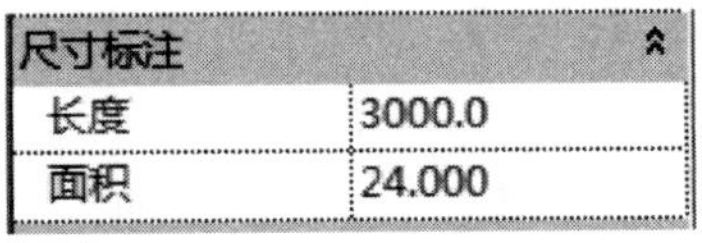

尺寸标注		⌃
长度	3000.0	
面积	24.000	

图 4.8.7　幕墙尺寸标注

　　单击"编辑类型"可打开"类型属性"面板，可在其中设置幕墙的类型参数，见图 4.8.8。网格样式分为垂直网格和水平网格，竖梃样式分为垂直竖梃和水平竖梃，如图 4.8.9 所示。

　　手动调整幕墙网格：

　　可以手动对幕墙网格间距进行调整，在三维视图中选择幕墙网格，单击开锁标记，使用临时尺寸标准来调整间距，如图 4.8.10 所示。

　　注意：在选择不到网格时，可以按下 Tab 键切换选择。

　　修改立面轮廓：

　　选择幕墙，自动激活"修改｜墙"上下文选项卡，单击"编辑轮廓"，见图 4.8.11，即可像基本墙一样任意编辑其立面轮廓，如图 4.8.12 所示。

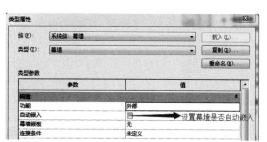

图 4.8.8 幕墙的类型属性中修改参数

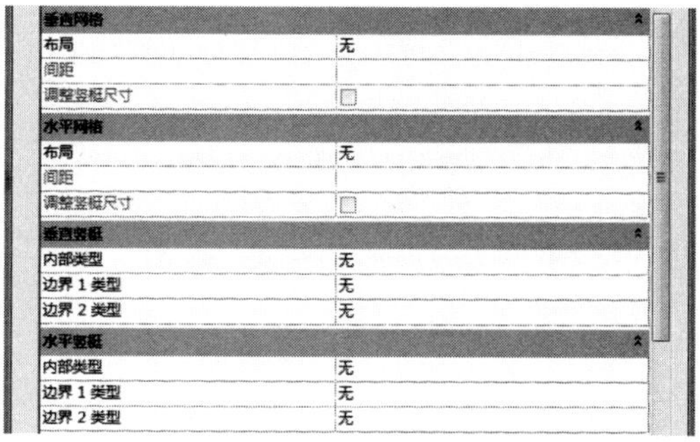

图 4.8.9 网格信息设置

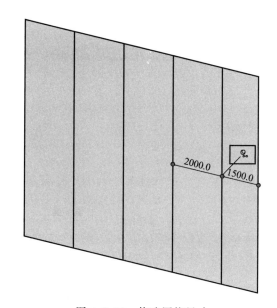

图 4.8.10 修改网格尺寸

图 4.8.11 编辑轮廓命令

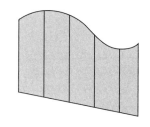

图 4.8.12 立面轮廓效果

替换嵌板：

可将幕墙嵌板替换为门窗（此类门窗族是使用幕墙嵌板的族样板来制作的）或者是实体墙。从族库中载入需要的嵌板类型，在项目中选中要替换的嵌板，在类型浏览器选择替换的嵌板，即可进行替换，如图 4.8.13 和图 4.8.14 所示。

图 4.8.13　载入门窗嵌板　　　　　　　　　　图 4.8.14　嵌板类型选择

4.8.2　创建网格不规则幕墙

放置网格：

绘制幕墙后可以点取【建筑】>【构建】>【幕墙网格】添加幕墙网格，并且有多种添加方式，如图 4.8.15 所示。

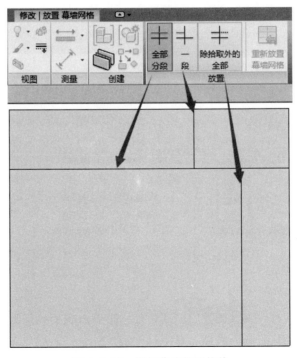

图 4.8.15　添加幕墙的网格线

修改网格：

自定义放置网格后，可通过选中网格，使用"添加/删除线段"功能进行调整，如图4.8.16 所示。

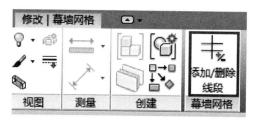

图 4.8.16 修改幕墙网格线

放置竖梃：

放置网格后，可点取【建筑】>【构建】>【竖梃】添加竖梃，竖梃样式在【属性】>【类型浏览器】中进行选择，如图 4.8.17 所示。然后【修改 | 放置竖梃】>【网格线】>【单段网格线】或【全部网格线】命令进行竖梃的布置，见图 4.8.18。

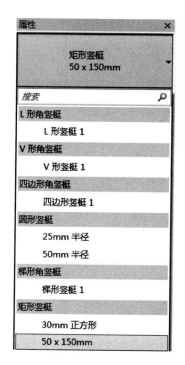

图 4.8.17 选择竖梃

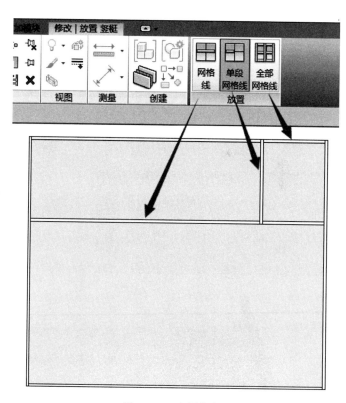

图 4.8.18 布置竖梃

4.8.3 创建面幕墙系统

"面幕墙系统"命令可以在体量面或常规幕墙上创建幕墙系统。

绘制体量：

通过【属性】>【可见性/图形替换】功能，把"体量"的可见性打开，在【体量和场地】>【概念体量】>【内建体量】，创建任意造型的体量模型，如图 4.8.19 所示。

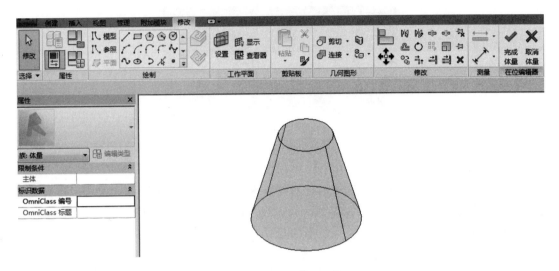

图 4.8.19　绘制体量

创建幕墙系统：

选择【建筑】>【构建】>【幕墙系统】功能，自动激活"修改放置面幕墙系统"上下文选项卡中的"选择多个"功能，在【属性】>【类型浏览器】中选择需要的类型，单击需要创建幕墙系统的面"创建系统"即可创建幕墙，如图 4.8.20 所示。

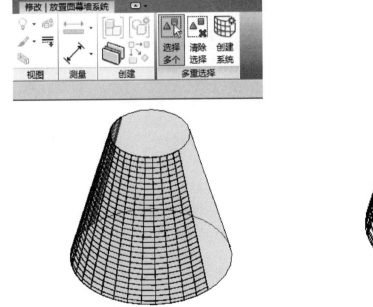
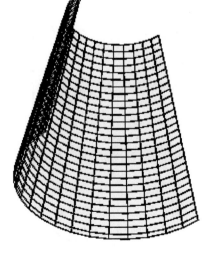

图 4.8.20　在体量上完成幕墙

注意：1. 幕墙是用很多块平面来拟合空间曲面，幕墙尺寸越小创建的幕墙系统越光滑。

2. 完成后即使删除体量，幕墙仍然存在与项目中。

4.9 绘制详图大样

在 Revit 软件中，可以通过详图索引工具，直接索引绘制出平面、立面、剖面的大样详图。

4.9.1 创建详图索引视图

选择【视图】>【详图索引】命令，在平面、立面、剖面或详图视图中绘制一个矩形，添加详图索引。选择详图索引，调整矩形大小和标头位置，如图 4.9.1 所示。

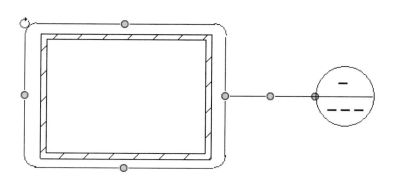

图 4.9.1 建立详图大样索引

4.9.2 创建详图视图

创建详图索引视图后，双击索引标头或者右击选择"转到视图"，都可以打开详图索引视图，如图 4.9.2 所示。

详图线

选择【注释】>【详图】>【详图线】命令，激活"修改｜放置 详图线"上下文选项卡，出现绘制面板，在其中选择合适的绘制样式，如图 4.9.3 所示。

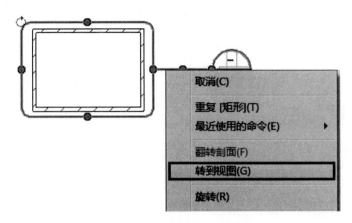

图 4.9.2 将大样索引关联到视图

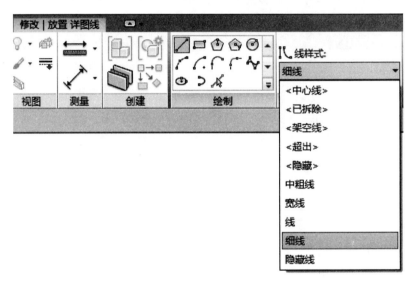

图 4.9.3 选择详图线性样式

区域

选择【注释】>【详图】>【区域】命令，"填充区域"与"屏蔽区域"的绘制方法相同，使用绘制面板中的线形绘制封闭轮廓，在"属性"面板类型浏览器中选择要填充或者屏蔽的类型，如图 4.9.4 所示。

详图构件

选择【注释】>【详图】>【构件】命令，在"属性"面板类型浏览器选择需要的构件类型，修改其参数值后进行放置，如图 4.9.5 所示。

云线批注

选择【注释】>【详图】>【云线批注】命令，自动激活"修改 | 创建云线批注草图"上下文选项卡，手动进行绘制，如图 4.9.6 所示。

详图组

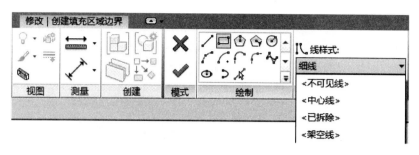

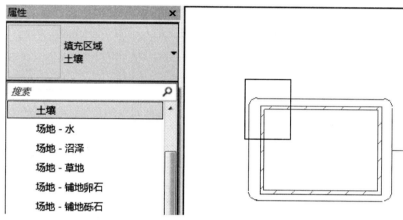

图 4.9.4 绘制区域

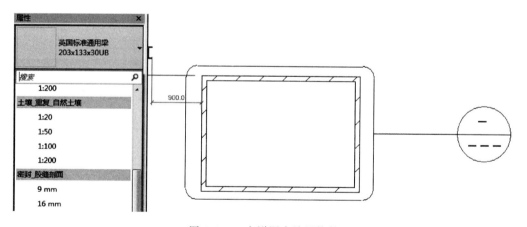

图 4.9.5 在详图中放置构件

"创建组"用于创建一组图元以便于重复使用，"放置详图组"用于在视图中放置实例。选择【注释】>【详图】>【详图组】命令，下拉列表中有"放置详图组"和"创建组"两个工具。单击"创建组"，出现对应窗口，如图4.9.7所示。

详图工程示例

以添加"隔热层"详图为例，选择【注释】>【详图】>【隔热层】命令，在选项栏里进行宽度和偏移量的设置，在属性面板进行隔热层宽度和隔热层膨胀与宽度的比率设置后进行绘制，如图4.9.8所示。

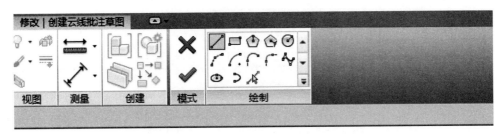

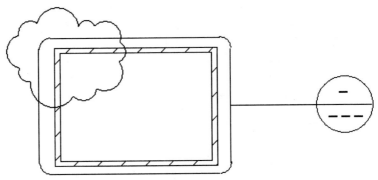

图 4.9.6　利用云线对详图进行批注

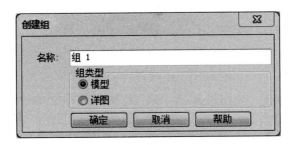

图 4.9.7　创建详图组

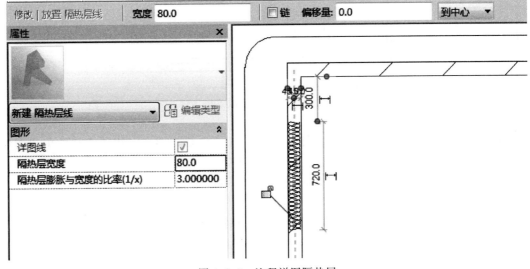

图 4.9.8　注释详图隔热层

4.9.3　添加文字注释

文字注释

进入详图索引视图。在将文字注释添加到图形中时，可以控制引线、文字换行和文字格式的显示。单击【文字】>【放置　文字】上下文选项卡，可见多种文字格式与引线样式。直接单击视图，在任意位置添加文字注释，如图4.9.9所示。

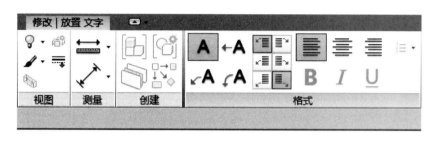

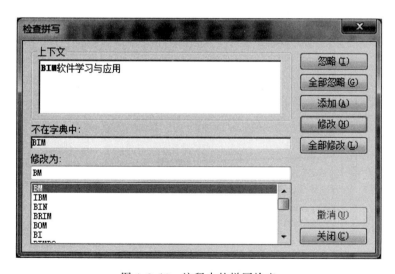

图4.9.9　添加文字注释

拼写检查

通过"拼写检查"工具可检查已选定内容中或者当前视图或图纸中的文字注释的拼写。该工具不会对其他类型的文字（例如图元属性中的文字）进行拼写检查，如图4.9.10所示。

图4.9.10　注释中的拼写检查

查找/替换

在打开的项目中查找并替换文字，如图4.9.11所示。

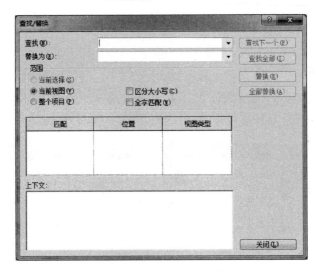

图 4.9.11　文字替换对话框

4.9.4　添加标记

按类别标记

可根据图元类别将标记附着到图元中。

全部标记

使用"全部标记"命令前，应将所需标记族载入项目中，然后打开二维视图，可以选择图元类别来标记要用于每种类别的标记族，并选择标记所有图元还是仅标记选定图元，如图 4.9.12 所示。

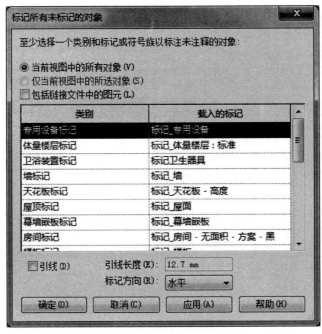

图 4.9.12　标记参数输入

多类别标记

单击"多类别标记"命令，可以根据共享参数，将标记附着到多种类别的图元，在使用该功能之前，必须创建多类别标记并将其载入项目中。

材质标记

单击"材质"命令，可以为选定图元材质添加指定的说明标记。

4.9.5　添加注释记号

注释记号可应用到图元，指定给材质或自定义编辑以提供所需的信息。"注释记号"下拉列表中包含"图元注释记号"、"材质注释记号"、"用户注释记号"和"注释记号设置"四个选项，如图 4.9.13 所示。

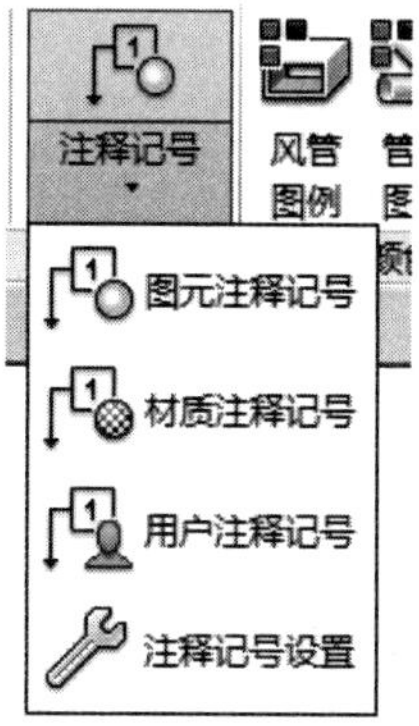

图元注释记号

选择"图元注释记号"命令，为选定的图元标记指定的注释记号。可从属性面板的类型浏览器中选择需要的类型，如图 4.9.14 所示。

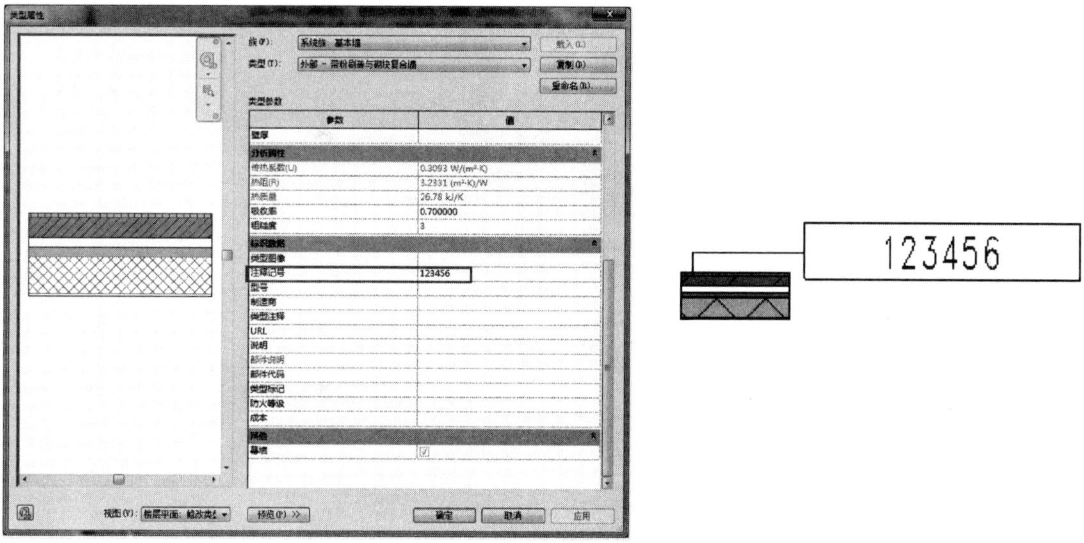

图 4.9.13　注释标记分类

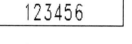

图 4.9.14　图元注释标记示例

材质注释记号

选择"材质注释记号"命令，为选定的图元材质标记注释记号。注释记号取自"材质"对话框"标识"选项卡上"注释记号"字段的值，如图 4.9.15 所示。

用户注释记号

选择"用户注释记号"命令，为指定的图元标记注释记号。激活该工具并选择图元时，将显示"注释记号"对话框，可以在该对话框中选择对应的注释记号，如图 4.9.16 所示。

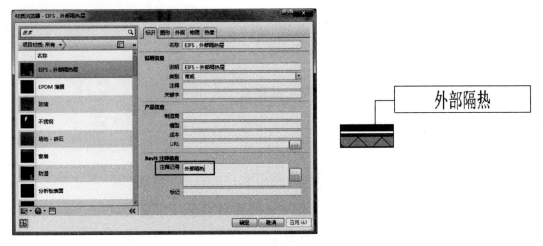

图 4.9.15　材质注释记号

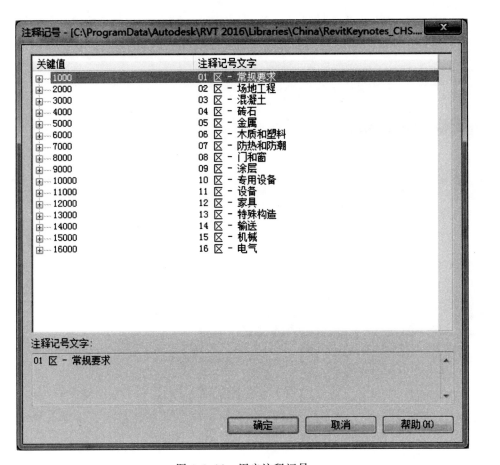

图 4.9.16　用户注释记号

注释记号设置

选择"注释记号设置"命令，可以对注释记表的位置进行设置，如图 4.9.17 所示。

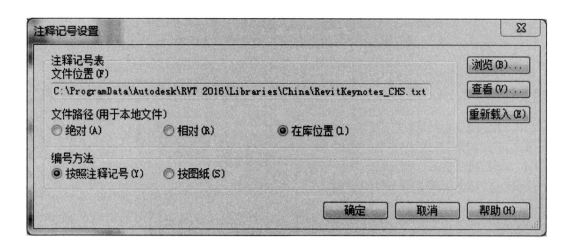

图 4.9.17 注释记号设置

4.9.6 创建参照详图索引

首先使用"插入"命令将外部 CAD 详图导到绘制视图中,见图 4.9.18。创建详图索引时勾选"参照其他视图",选择到对应的视图即可。

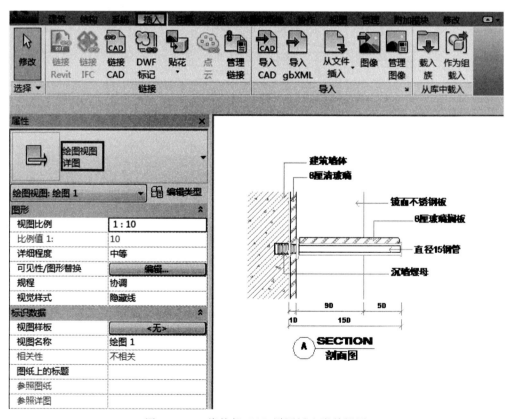

图 4.9.18 将外部 CAD 详图插入当前视图

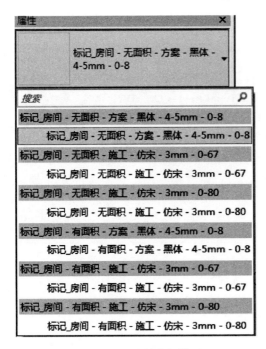

图 4.10.1 选择房间类型

4.10 房间定制

4.10.1 添加房间与房间标记

在项目浏览器中，找到需要添加房间与标记的楼层，右键"复制视图"。有三种复制方式，可根据需要进行选择，并将其重命名。

选择【建筑】>【房间和面积】>【房间】命令，在属性面板类型浏览中选择需要放置的类型，即可添加房间与房间标记，见图 4.10.1。如果不需要房间标记，可以取消右上角"在放置时进行标记"命令。

如果需要将开放的房间进行区域划分，可以使用"房间分割"命令，效果如图 4.10.2 所示。

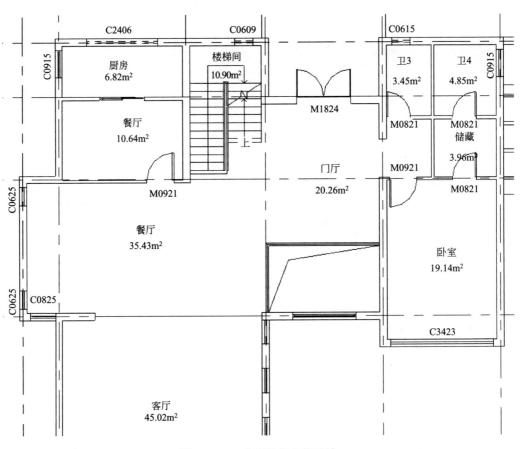

图 4.10.2 分割房间功能区域

4.10.2 添加房间颜色方案

颜色方案是将同类构件指定成相同的颜色来显示。在【建筑】>【房间和面积】>【颜色方案】命令，如图4.10.3。在对话框中，"类别"项选择"房间"，"颜色"项选择"名称"，各房间即自动放置填充颜色，如图4.10.4所示。

图 4.10.3 颜色方案命令

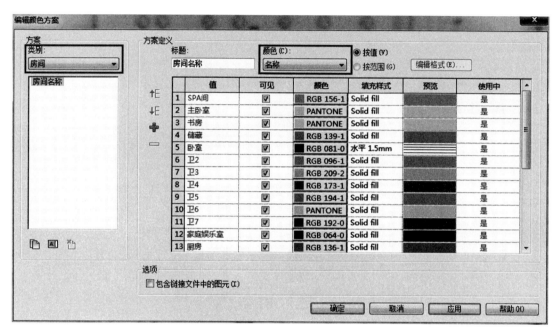

图 4.10.4 房间颜色指定

4.10.3 添加房间颜色图例

选择【注释】>【颜色填充】>【颜色填充图例】，单击空白位置放置，选择"房间"与"房间名称"，图例会自动放置，如图4.10.5所示。

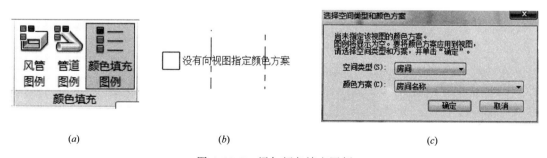

图 4.10.5 添加颜色填充图例

(a) 步骤一；(b) 步骤二；(c) 步骤三

4.11　添加门窗图例

选择【视图】>【创建】>【图例】命令，创建新图例视图，见图 4.11.1。在项目浏览器"族"下拉菜单中找到自己所需的族拖动到视图中，见图 4.11.2。同时在选项栏调整"视图"改变其显示样式，并添加尺寸标注，如图 4.11.3 所示。

图 4.11.1　创建门窗图例视图

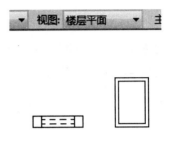

图 4.11.2　图例拖动到视图中

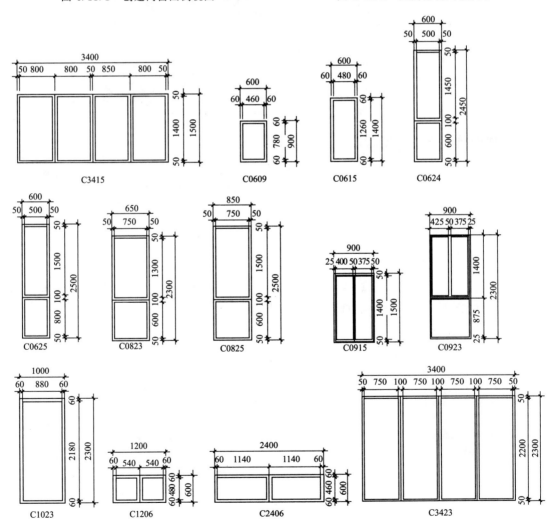

图 4.11.3　门窗尺寸标注

4.12 生成明细表

明细表是 Revit 软件中的重要组成部分。软件提供用于创建明细表一系列选项，包括材质提取、图纸列表和注释块等。

4.12.1 创建实例明细表

选择【视图】>【创建】>【明细表】命令，在下拉列表中选择"明细表 数量"，选择要统计的构件类别，例如：窗，设置明细表名称为"窗明细表"（图 4.12.1），单击【确定】按钮。可对其中的"字段"（图 4.12.2）、"排序/成组"（图 4.12.3）、"格式"、"外观"（图 4.12.4）等进行修改。

图 4.12.1 统计窗的明细

图 4.12.2 增加明细表字段

图 4.12.3 设定排序方式

图 4.12.4 设定明细表的外观样式

4.12.2　创建类型明细表

在实例明细表视图中单击鼠标右键，在弹出的快捷菜单中选择"视图属性"命令，单击"排序/成组"对应的"编辑"命令，在"排序/成组"选项卡中取消"逐项列举每个实例"的选择，即可生成类型明细表。

4.12.3　创建关键字明细表

选择【视图】>【创建】>【明细表】命令，新建明细表时选择"明细表关键字"，输入关键字名称，设置需要统计的字段、排序/成组、格式、外观等属性。在选项栏上，选择"行"面板上的"插入数据行"命令，向明细表中添加新行，创建新关键字，并填写每个关键字的相关信息，如图 4.12.5 所示。

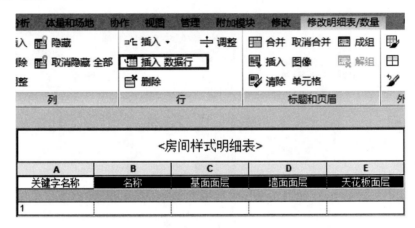

图 4.12.5　关键字明细表

将关键字应用到图元中，在图形视图中选择含有预定义关键字的图元，例如房间标记，在属性面板中找到关键字名称参数，例如"房间样式"，从其下拉列表中选择样式名称。将关键字应用到明细表，按上述步骤新建明细表，选择字段时添加关键字名称字段，如"房间样式"，设置表格属性，单击"确定"。

4.13　模型渲染

单击视图控制栏中模型显示样式，选择"真实"，同时打开阴影，如图 4.13.1 所示。

单击视图控制栏中的"日光路径"，选择"日光设置"，在城市下拉菜单中选择所在地位置与时间，如图 4.13.2 所示。打开视图控制栏中显示"渲染"对话框，设置输出之类与分辨率，单击"渲染"即可，如图 4.13.3 所示。

图 4.13.1　设定显示样式

图 4.13.2　日光设置

图 4.13.3　渲染参数设置

注意：完成渲染后可以选择"保存到项目中"也可以直接"导出"。

如要创建效果图，可进入项目楼层平面，"视图"选项卡"创建"面板"三维视图"下拉三角进入"相机"，鼠标将自带相机符号，单击第一点放置相机位置，单击第二点为视点位置，自动翻转到三维视图，渲染方式与前文相同。

4.14　模型漫游

漫游动画的要素有三项：路径，视点和关键帧。而关键帧又是在行进路径上的一些控制点，因此关键帧的设置十分重要。

设置关键帧：

进入项目楼层平面，【视图】>【创建】>【三维视图】>【漫游】，鼠标变为十字光标，鼠标逐点单击放置关键帧，右键选择取消或者按 Esc 退出创建，见图 4.14.1。放置完成后单击右上角"编辑漫游"，逐个控制视点位置，如图 4.14.2 所示。

编辑关键帧：

"上一关键帧"或者"下一关键帧"可用于关键帧的切换，在选项栏中有"活动相机"、"路径"、"添加关键帧"、"删除关键帧"四个选项对路径及关键帧进行调整，见图 4.14.3。

单击右上角"打开漫游"即可进入三维视图，如图 4.14.4 所示。

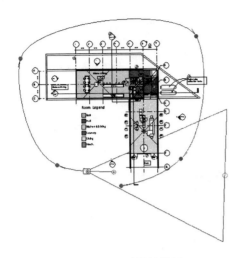
图 4.14.1　关键帧设置

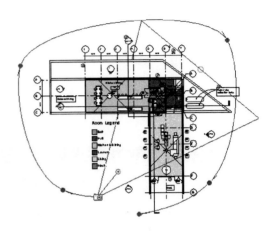
图 4.14.2　视线设置

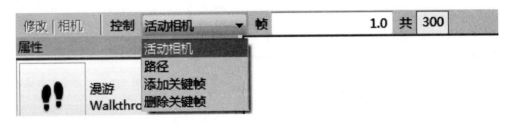
图 4.14.3　路径与关键帧调整

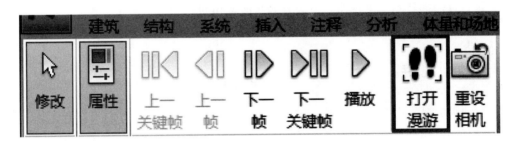
图 4.14.4　打开漫游状态

播放漫游动画：

单击"播放"即可浏览漫游动画，在选项栏中单击"300"可打开"漫游帧"，可在其中调整漫游动画的速度，如图 4.14.5 所示。

导出动画：

漫游完成后可单击"应用程序菜单"中"导出图像和动画"选择"漫游"，设置输出的格式即可导出，如图 4.14.6 所示。

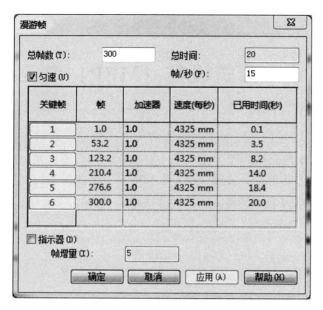

图 4.14.5　播放速度设置

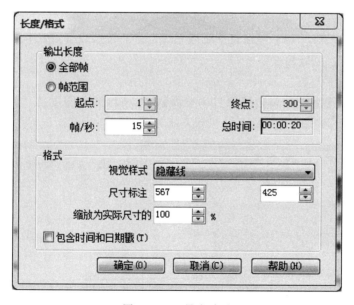

图 4.14.6　导出动画

第5章　建筑设备（MEP）专业建模

建筑设备是在 BIM 应用过程中受益最大的专业。其主要原因是内容多，管线相互之间有影响。设计图纸中是以原理图为主，并不表示管线的真实位置，管线之间的冲突时有发生。建筑设备专业主要包含有暖通、给排水和电气。本章以我们完成的中国建筑科学研究院物理所科研楼项目为例介绍建筑设备专业建模。

5.1　暖通专业

暖通专业中的采暖设备和管道的布置与给排水专业相近，这部分内容参见 5.2 管道系统。本节重点介绍空调系统。

5.1.1　参数设置

在绘制暖通系统前，需了解项目的暖通系统信息。按照设计要求设置各系统参数：系统类型、风管类型、风管尺寸。

系统类型和系统分类

单击【视图】>【用户界面】>【项目浏览器】，在项目浏览器中的"族"选项中，单击前面的"＋"，在其下拉列表中找到"风管系统"选项，见图 5.1.1。

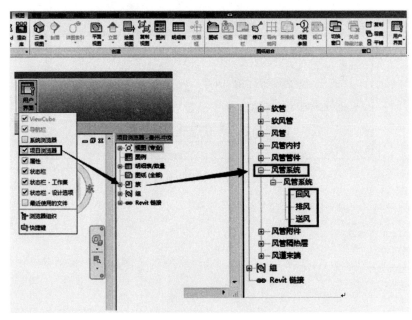

图 5.1.1　风管系统

添加风管系统

软件自带项目样板所创建的项目中，风管系统中只有回风、排风、送风三个系统类型，我们需按照所做项目设计要求建立健全暖通系统。选中一系统类型，单击右键复制原有系统，再使用"重命名"命令改系统名称。反复上述操作，创建所需要所有系统类型，见图 5.1.2。

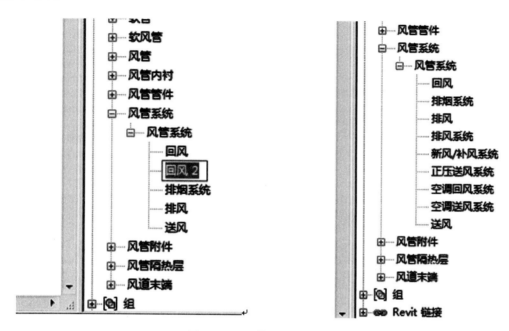

图 5.1.2　风管系统的添加

修改风管系统属性

双击或者右键"类型属性"，在弹出的对话框中编辑风管系统类型属性，如风管系统的颜色显示和各系统风管的材质，见图 5.1.3 和图 5.1.4。

风管类型

根据项目暖通设计图纸，了解项目所需要的各系统的风管类型，按照图纸创建符合设计要求的风管类型。

首先在项目中打开视图"属性"一栏，单击【视图】>【用户界面】>【属性】，见图 5.1.5。

单击功能区【系统】>【风管】，通过绘图区的"属性"对话框选择和编辑风管的类型，见图 5.1.6。项目文件中自带有四种类型的矩形风管、三种类型圆形风管和四种类型椭圆风管，默认的风管类型跟风管的连接方式有关。

利用"类型属性"中的"复制"命令，添加项目所需的风管类型，并按照设计图纸要求，设置风管的连接类型，如 WLS-F1-送风，见图 5.1.7。

在设置风管连接类型的时候，如果项目中没有需要的族文件，则可以点击"载入族"并按照以下路径查找需要的管道类型，见图 5.1.8。

在设置风管连接类型前一定要认真熟悉设计图纸，明确设计师的意图，按照系统设计要求设置风管连接类型。

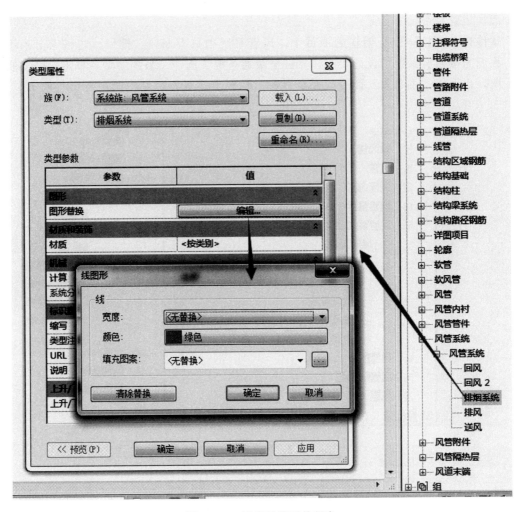

图 5.1.3　设定风管系统颜色

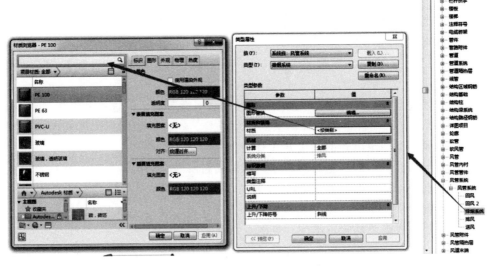

图 5.1.4　设定风管系统材质

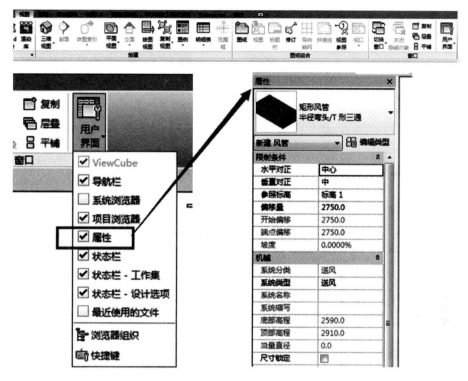

图 5.1.5 打开属性面板

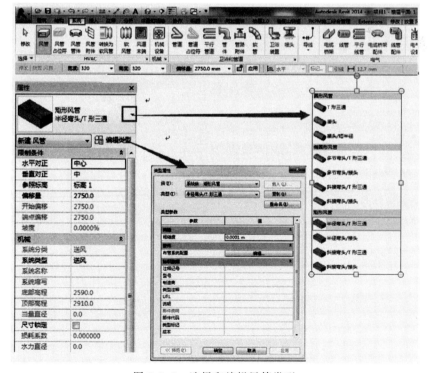

图 5.1.6 选择和编辑风管类型

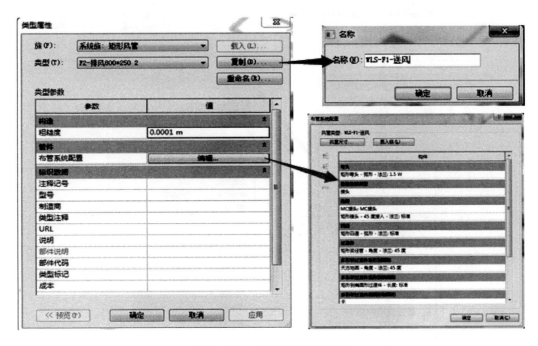

图 5.1.7   设置风管连接类型

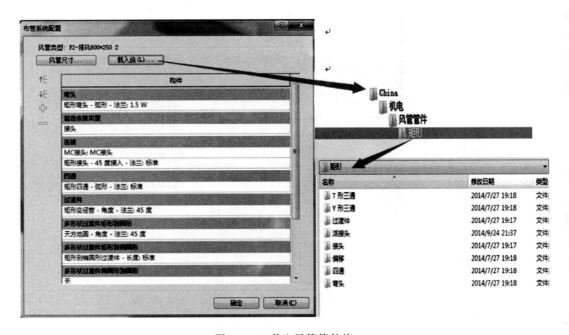

图 5.1.8   载入风管管件族

风管尺寸

该项目是一个暖通系统较为复杂的工程，风管类型尺寸多。在项目建模前期需将风管尺寸列表设置好，以便提高工作效率。

Revit 中，有多种添加风管尺寸的方法：

方法一：单击【管理】>【MEP 设置】>【机械设置】，在"机械设置"中添加需要的风管尺寸。该项目的风管尺寸见图 5.1.9（注：暖通各系统、各类型风管宽度和高度均用同一尺寸列表）。

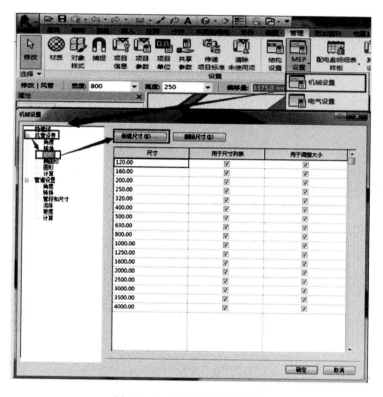

图 5.1.9　添加所需风管尺寸

方法二：在"系统"中单击图 5.1.10 中方框位置也可以打开"机械设置"对话框。

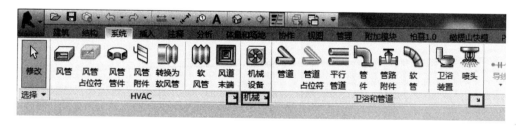

图 5.1.10　在"系统"菜单中打开"机械设置"对话框

方法三：在风管"属性"中单击【编辑类型】>【编辑】>【风管尺寸】同样可以打开"机械设置"对话框，见图 5.1.11。

将所需的风管尺寸都添加完毕后，在其风管的"宽度"和"高度"列表中就可以看到在"机械设置"中添加的风管尺寸了，见图 5.1.12。

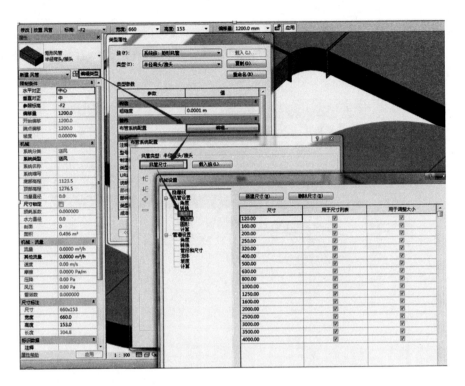

图 5.1.11　在【属性】中打开"机械设置"对话框

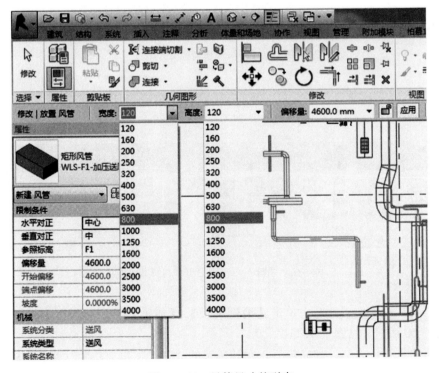

图 5.1.12　风管尺寸的列表

在进行风管绘制的过程中，单击"风管"命令后，选择"风管类型"、"参照标高"并确定风管的"系统类型"然后选择风管的"宽度"和"高度"，然后在平面图上绘制风管的水平位置，见图 5.1.13。

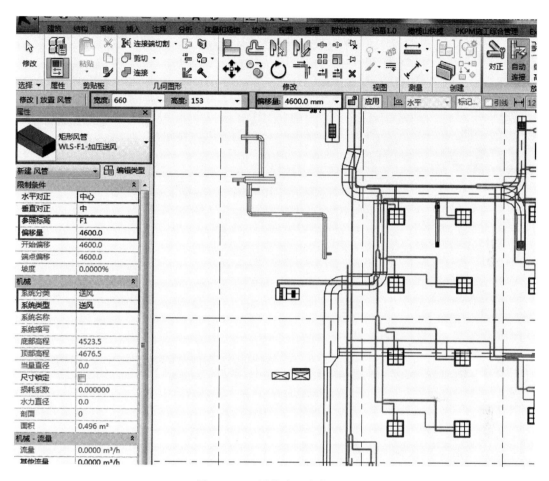

图 5.1.13　风管放置参数设置

5.1.2　管线、管件绘制

该项目暖通系统模型的创建是以设计院的暖通系统图为基础，因此在设置好暖通系统参数后，首先需要将设计图链接到项目文件中，然后再根据 CAD 图绘制风管模型。

1. 链接暖通 CAD 图纸

单击【插入】>【链接 CAD】按照图中的步骤逐步设置"链接 CAD 格式"对话框，其中一定要注意图中的"导入单位"设置为"毫米"（图 5.1.14）。

2. 绘制风管

（1）点击【系统】>【风管】命令，按照设计图纸的相应信息设置（图 5.1.15）并开始绘制风管。（注：需了解设计图中的风管标高是管底标高还是中心标高，本项目是中心标高。）

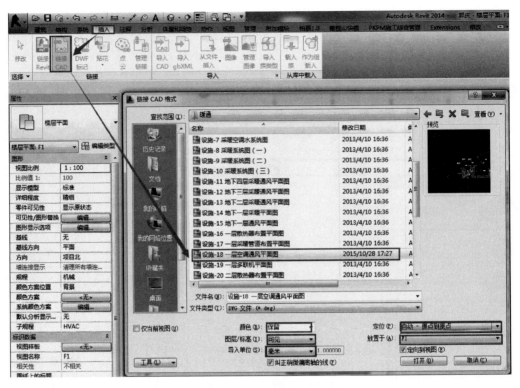

图 5.1.14 链接风系统 CAD 图

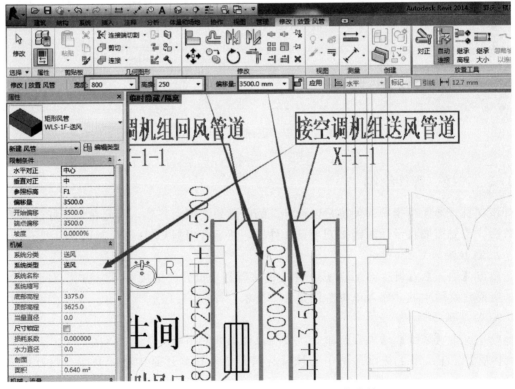

图 5.1.15 按照链接 CAD 底图设置风管参数

（2）在平面视图中，绘制风管时首先单击鼠标左键选择风管的起始点，然后沿着CAD图中风管的方向绘制，当绘制到出现拐弯的节点时再次单击鼠标，这样一段合格的风管就建好了，见图5.1.16。

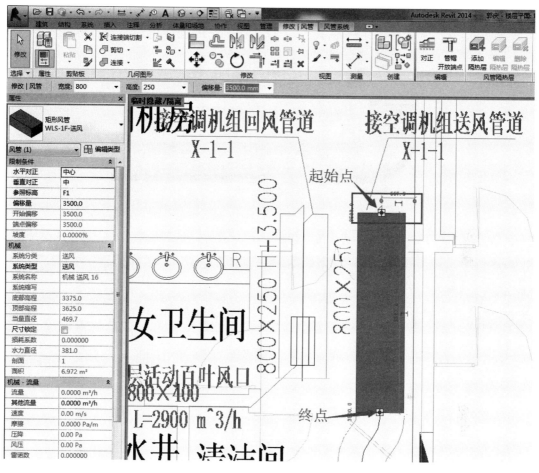

图 5.1.16　绘制风管

（3）将鼠标放置在前一段风管的终点上，单击鼠标右键选择"绘制风管"继续沿着CAD图纸创建模型，当风管遇到拐弯处可直接绘制，软件会自动生成相应弯头、变径等管件，图5.1.17。

（4）绘制风管遇到三通或四通时，可将鼠标放置在风管上，右键"创建类似实例"然后将鼠标放置在原风管的中心线位置，这时功能区的"放置工具"内的"自动连接"默认是选中状态，单击鼠标一次，然后将鼠标移到支管风管的末端再次单击鼠标一次，完成风管支管的绘制，见图5.1.18和图5.1.19。

如绘制完三通后还需增加支管时可选中三通，单击三通上面的"＋"则可将三通变为四通，见图5.1.20。（注：如需将四通变为三通则可单击四通上方的"－"号便可。）

（5）当绘制风管遇到变径时，有时需要根据风管的具体位置调节风管的连接对正方式，软件中提供了多种对正方式供项目使用。

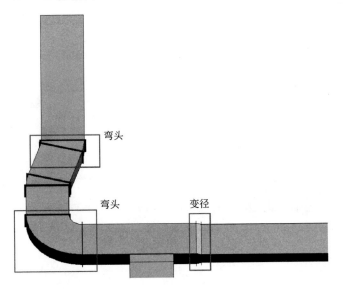

图 5.1.17　风管自动加变径、弯头

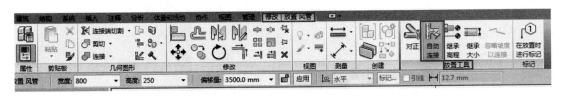

图 5.1.18　设置成自动连接

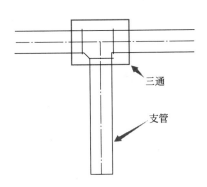

图 5.1.19　风管添加支管

俯视图中的三种对正方式：中心对正、左对正、右对正，见图 5.1.21。

立面视图中三种对正方式：中心对正、底对正、顶对正，见图 5.1.22。

风管绘制完成后，在任意视图中，可以使用"对正"命令修改风管的对齐方式。首先选中要修改的管段，单击功能区中的"对正"，进入"对正编辑器"，选择对齐线、对正方式、控制点（图 5.1.23），单击"完成"。

（6）风管占位符可将风管用单线显示。在项目初期可以代替风管以提高软件的运行速度。风管占位符支持后期的碰撞检测功能，在空间上是代表有具体几何尺寸的风管的。

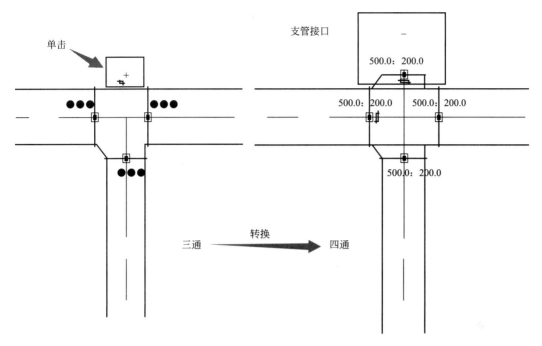

图 5.1.20　风管连通器修改

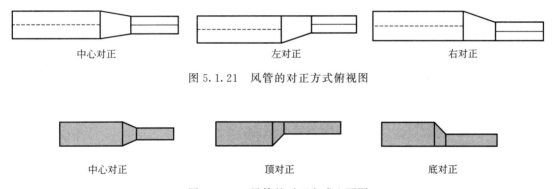

图 5.1.21　风管的对正方式俯视图

图 5.1.22　风管的对正方式立面图

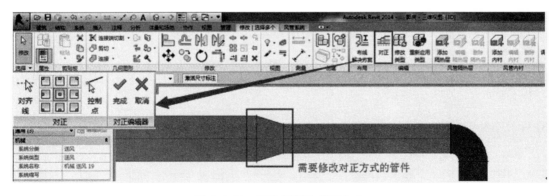

图 5.1.23　更改风管的对正方式

3. 绘制风管占位符

在平面视图、立面视图、剖面视图和三维视图中均可以绘制风管占位符。单击【系统】>【风管占位符】，切换绘图模式，见图 5.1.24。

图 5.1.24 风管占位符的绘制菜单

进入风管占位符绘制模式后，其风管的参数设置同风管的绘制方法是相同的，图 5.1.25。（注：风管占位符代表的是风管的中心位置，故在绘制时不能定义风管的"对正"方式。）

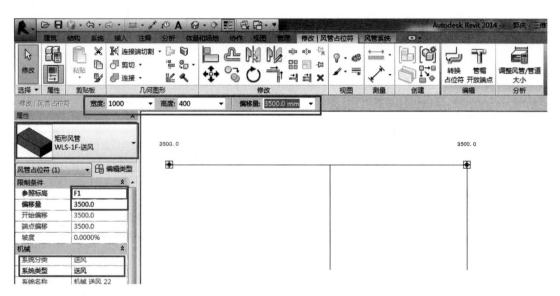

图 5.1.25 风管占位符参数

当使用风管占位符绘制完成后，需将风管占位符转换成风管时，需选中风管占位符，使用"转换占位符"功能，见图 5.1.26。

对照物理所暖通各系统的风管线路图，将所有的风管管路创建完成，见图 5.1.27。

5.1.3 末端添加

（1）风管末端添加主要是在系统上布置回、出风口。不同的风系统对应的风管末端是不同的，因此在创建风管末端时需将项目所需要的各种风口族载入到项目中，见图 5.1.28。

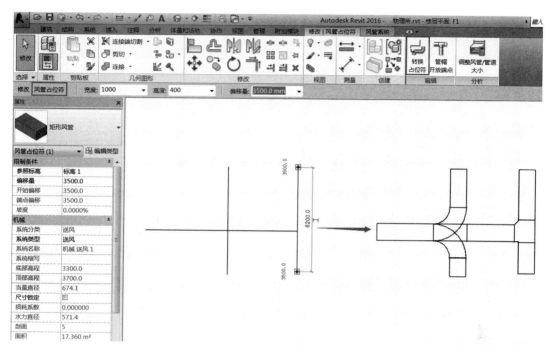

图 5.1.26 风管与风管转换

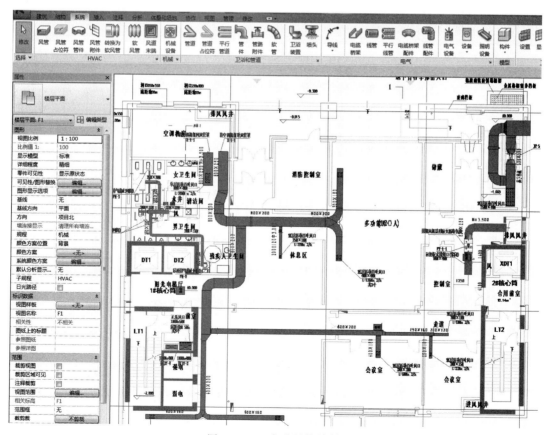

图 5.1.27 完成风管绘制

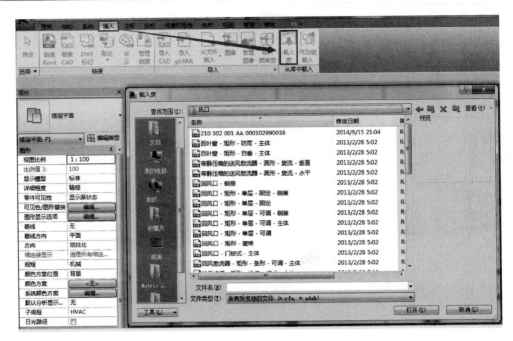

图 5.1.28　载入风管末端风口族

（2）单击【系统】>【风道末端】命令，在属性栏中选择需要的风管末端并设置风口的偏移量，然后按照图纸位置放置风口，见图 5.1.29。

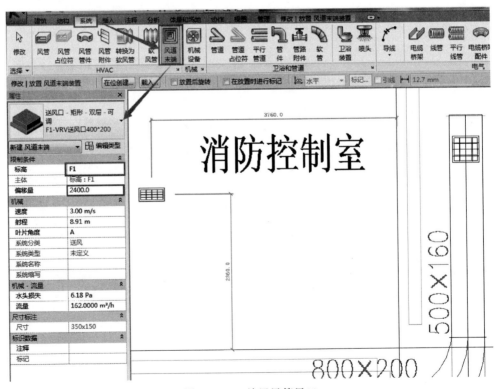

图 5.1.29　放置风管风口

（3）管和风口的连接有两种情况：

a：风口直接放置在风管的中心线上，这时风管和风口会自动连接起来，见图 5.1.30。

b：当风口的位置不在风管的正下方时，风口不会自动和风管相连，这时候就要用到"连接到"命令来连接风管和风口，见图 5.1.31。

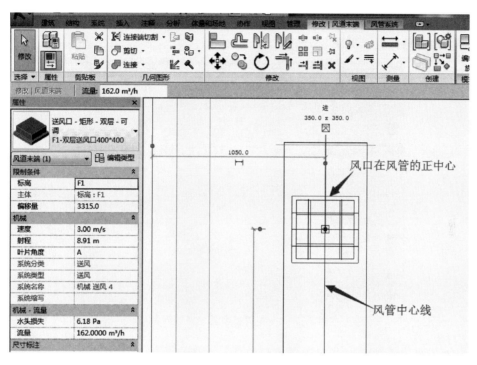

图 5.1.30　风口在风管下

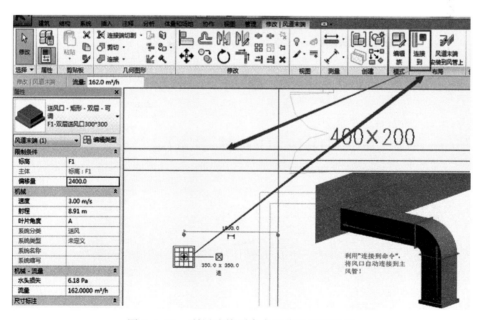

图 5.1.31　利用连接到命令连接风口和风管

5.1.4　管路附件添加

将各个系统风管的风口都按照图纸要求放置完成后，需要给风管系统添加风管附件。风管附件一般包括调节阀、防火阀、排烟阀等各种阀部件，风管附件可以在平面视图、三维视图、立面视图、剖面视图中添加。

（1）单击【系统】>【风管附件】，在"属性"栏中选择需要的风管附件，然后选择需要放置风管附件的位置，见图 5.1.32。

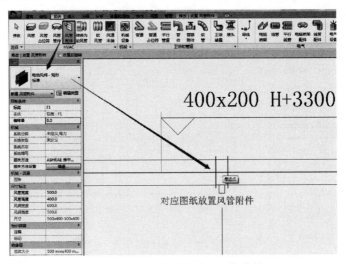

图 5.1.32　在模型中放置风管附件

（2）在项目浏览器中也可以添加风管附件，在项目浏览器中单击【族】>【风管附件】>【电动阀矩形】>【标准】，然后单击此族拖动到需要放置风管附件的位置，见图 5.1.33。

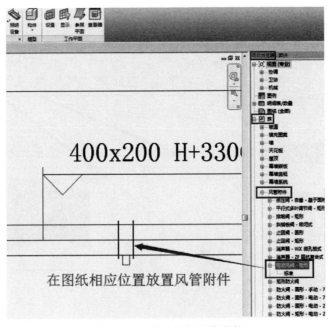

图 5.1.33　拖动添加风管附件

　　不同的风管附件族插入到风管中的安装效果是不同。有些风管附件族可以自动识别风管大小并调整族文件自身大小。但有些风管附件族则做不到这样智能，这就需要修改族的参数来调整附件的大小以符合项目需要，见图5.1.34。

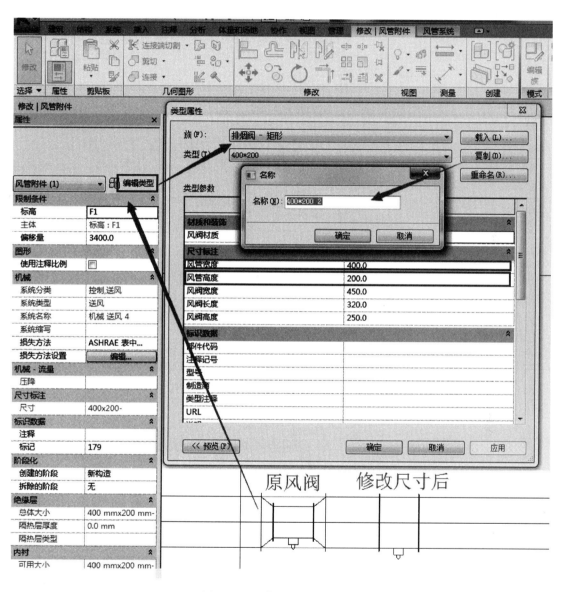

图 5.1.34　修改风管附件参数

　　当"风管附件"中没有需要的族文件时可以在族库中查找相应文件。单击【插入】>【载入族】在机电专业中的风阀中查找相应族文件，见图5.1.35。

5.1.5　设备布置

　　风管系统布置完成后，需要添加风机等风系统设备。首先在【系统】>【机械设备】在"属性"中查找相应的机械设备，见图5.1.36。

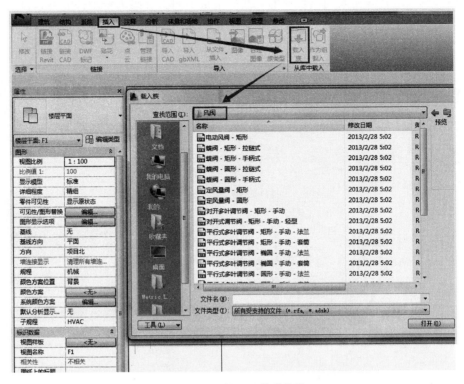

图 5.1.35 载入风管附件族

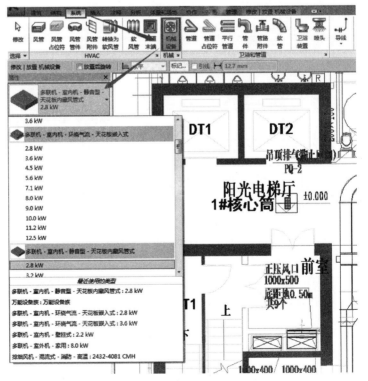

图 5.1.36 放置暖通系统风机

需要把机械设备放置到图纸的相应位置，如排风机（如：轴流风机）可以直接放置到风管的中心线上，风机可以和风管自动连接，见图5.1.37。

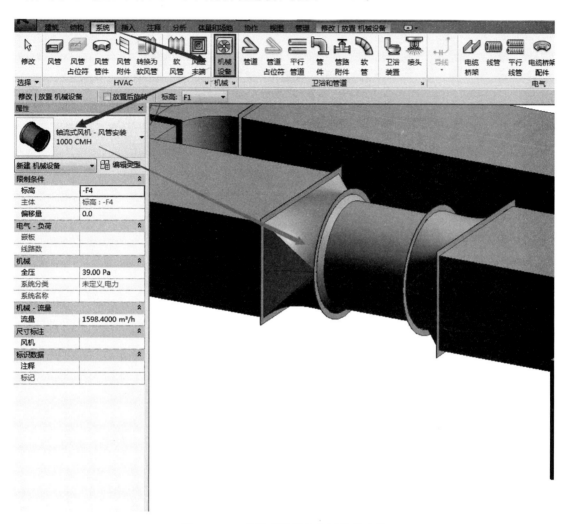

图 5.1.37　暖通系统风机和风管的连接

单击设备，右击设备的风管连接件，选择"绘制风管"，见图5.1.38。

注：从设备连接件开始绘制风管时，按"空格"键，可自动根据设备连接的尺寸和高程调整绘制风管的尺寸和高程。

使用"连接到"命令，选择风机设备然后点击"连接到"命令，再选择需要连接到的风管，见图5.1.39。

注：如果风机设备有多个连接件时，单击"连接到"命令时会出现"选择连接件"的对话框，选择需要连接风管的连接件，单击"确定"，然后再选择需要连接的风管，完成风机设备与风管的连接。

将暖通系统中的机械设备添加完毕，其物理所的暖通系统模型如图5.1.40所示。

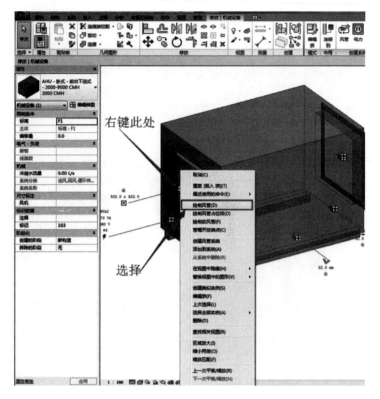

图 5.1.38　在风机设备上添加风管

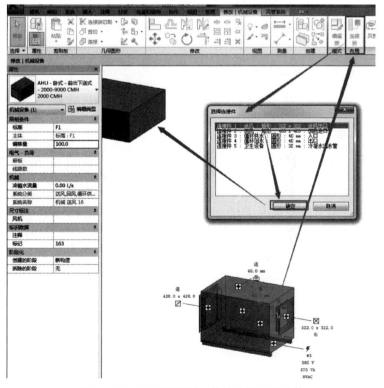

图 5.1.39　用"连接到"菜单连接风机风管

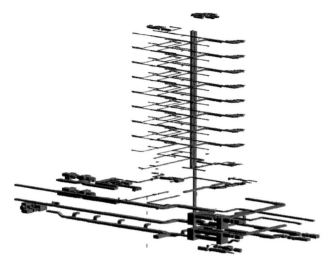

图 5.1.40　暖通系统整体效果图

5.1.6　管线标注

在暖通系统中风管的管线标注一般包含风管的尺寸标注、编号标注、标高标注和系统标注等信息，根据不同需求添加不同的标注信息。在本项目中需要给风管添加系统、标高和尺寸标注等信息。

（1）以在绘制风管时，使用"在放置时进行标记"功能对绘制的风管进行标注，见图 5.1.41。

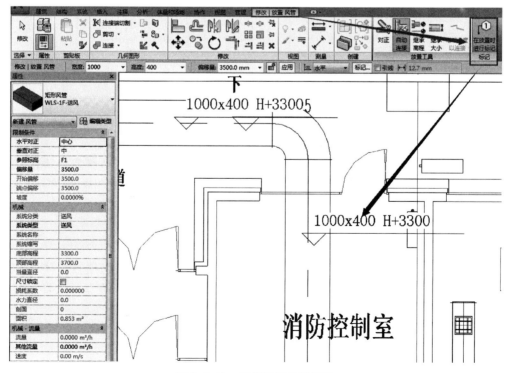

图 5.1.41　风管绘制自动标注

（2）对创建好的风管系统添加标注时，可利用标准命令对其风管系统添加标注。单击【注释】>【按类别标注】利用注释族对风管系统进行标注，图 5.1.42。

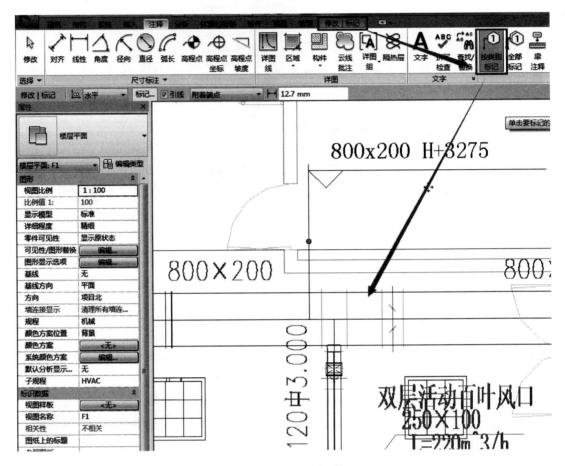

图 5.1.42　风管道按类别标注

如果注释族的标注信息不全或者标准信息需要修改，可先选中项目中的标注族，然后对此族进行编辑，见图 5.1.43。

进入族编辑界面后选择标注，然后单击"编辑标签"，在左侧类别参数中选择需要添加的标注信息添加到右侧标签参数中，见图 5.1.44。（注：如果选择"断开"则标签会分层显示。）

5.1.7　明细表

本软件的明细表功能可以基于模型为项目造价工程师等快速提供项目整体、工程局部、设计变更等工程量。软件可以自动快速的统计暖通系统中的机械设备、风管管道、风管管件、风管附件等工程量。

创建明细表

单击【分析】>【明细表/数量】创建风管明细表，见图 5.1.45。

在"明细表属性"中的"字段"中选择需要的信息，见图 5.1.46。

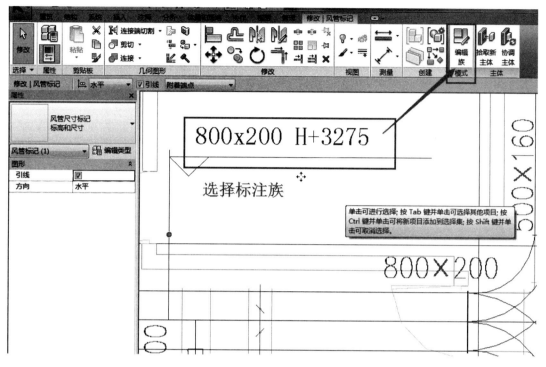

图 5.1.43　编辑风管标注族

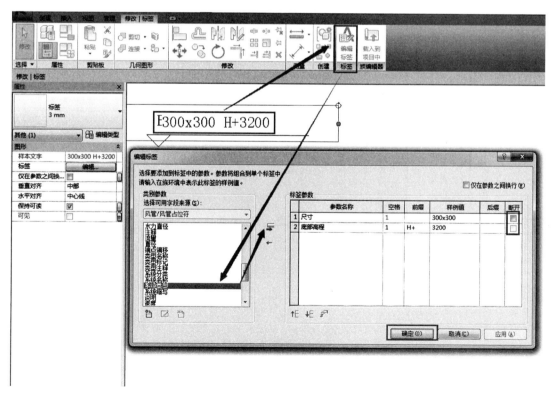

图 5.1.44　修改标注族的参数

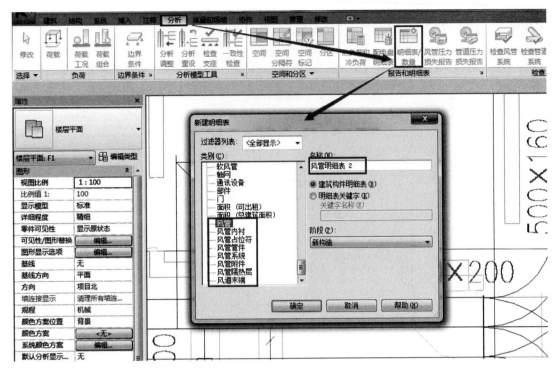

图 5.1.45　创建风管明细表

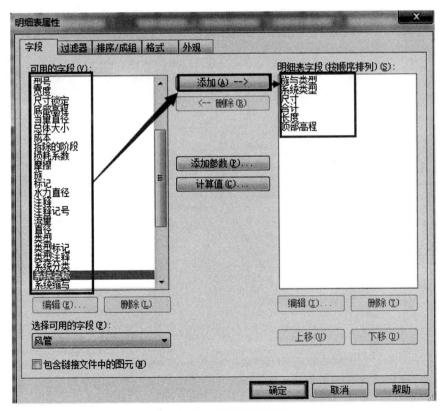

图 5.1.46　定义明细表字段

在"明细表属性"中的"过滤器"中可以设置需要统计工程量的部位、某一型号风管的工程量、某一系统风管的工程量等不同的统计需求，见图 5.1.47。

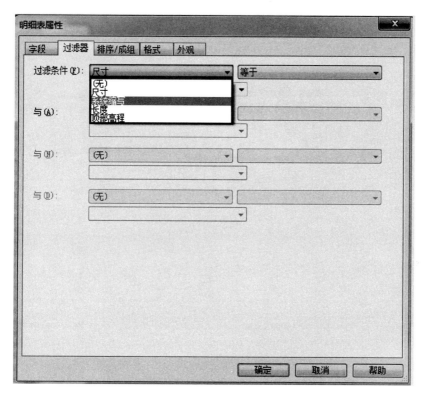

图 5.1.47　选择明细表统计范围

在"明细表属性"中的"排序/成组"中可以选择工程量统计表中各个元素的排序方式并分类统计各个类型的总量，见图 5.1.48、图 5.1.49。

设置好以上参数后便可以得到物理所地下车库的风管工程量的统计表了，见图 5.1.50。

工程变更明细表

工程项目在实施期间发生变更是在所难免的。每次变更都要计算其所对应的工程量，在无形中给项目人员增加了很大的工作量。利用 Revit 软件则可以快速地计算其每份变更所对应的暖通系统的工程量。

首先打开发生变更的楼层平面，单击【视图】>【详图索引（草图）】>【属性】>【详图】，见图 5.1.51。

然后在平面区域绘制发生变更的详细位置，单击"完成"。单击详图边框右键"转到视图"，见图 5.1.52。

在详图视图中需要修改"视图名称"并创建共享参数"变更编号"统一修改名称为"一号变更"，见图 5.1.53。

平面视图编辑完成后，创建"1 号变更风管量明细表"并按图 5.1.54 设置参数，完成变更部位的明细表创建。

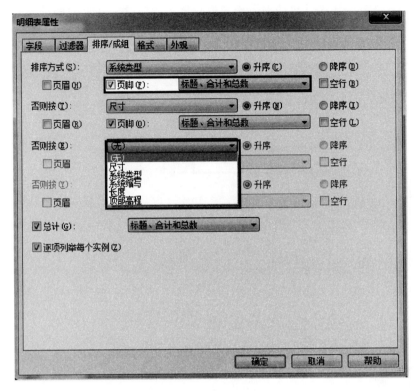

图 5.1.48　设定排序方式

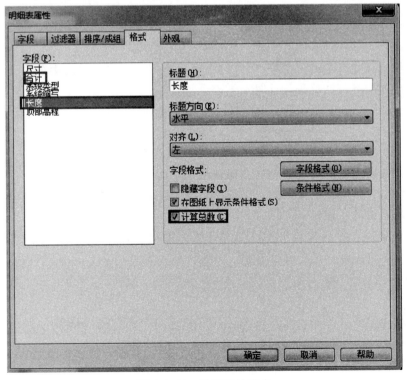

图 5.1.49　设定统计格式

〈物理所风管明细表〉			
A	**B**	**C**	**D**
系统类型	族与类型	尺寸	长度
回风	矩形风管：车库-回风-B1	500x400	10191
回风	矩形风管：车库-回风-B1	500x400	9851
500x400: 2			20041
回风	矩形风管：车库-回风-B1	800x400	24653
回风	矩形风管：车库-回风-B1	800x400	24653
800x400: 2			49305
回风	矩形风管：车库-回风-B1	800x500	300
回风	矩形风管：车库-回风-B1	800x500	300
回风	矩形风管：车库-回风-B1	800x500	300
回风	矩形风管：车库-回风-B1	800x500	300
回风	矩形风管：车库-回风-B1	800x500	300
回风	矩形风管：车库-回风-B1	800x500	300
回风	矩形风管：车库-回风-B1	800x500	300
回风	矩形风管：车库-回风-B1	800x500	300
回风	矩形风管：车库-回风-B1	800x500	300
回风	矩形风管：车库-回风-B1	800x500	300
回风	矩形风管：车库-回风-B1	800x500	300
回风	矩形风管：车库-回风-B1	800x500	300
回风	矩形风管：车库-回风-B1	800x500	300
回风	矩形风管：车库-回风-B1	800x500	300
回风	矩形风管：车库-回风-B1	800x500	300
回风	矩形风管：车库-回风-B1	800x500	300
回风	矩形风管：车库-回风-B1	800x500	300
回风	矩形风管：车库-回风-B1	800x500	300
800x500: 18			5400
回风	矩形风管：车库-回风-B1	1000x400	32315
回风	矩形风管：车库-回风-B1	1000x400	302
回风	矩形风管：车库-回风-B1	1000x400	31103
1000x400: 3			63721
回风	矩形风管：车库-回风-B1	1200x400	11475
回风	矩形风管：车库-回风-B1	1200x400	3435
1200x400: 2			14910
矩形风管：车库-回风-B1: 27			153377
回风: 27			153377

图 5.1.50　明细表结果

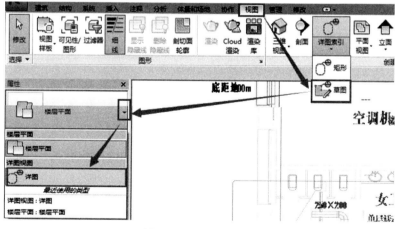

图 5.1.51　选择详图

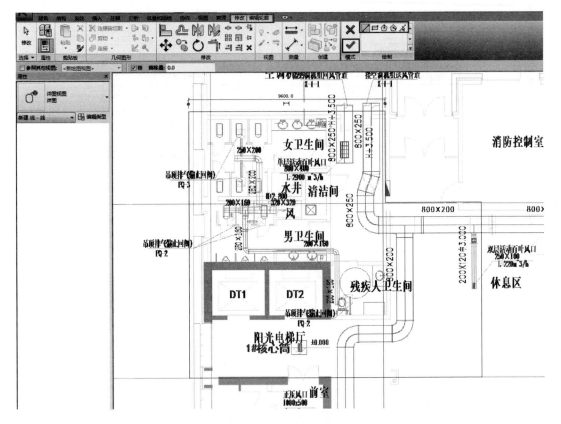

图 5.1.52 切换到变更处视图

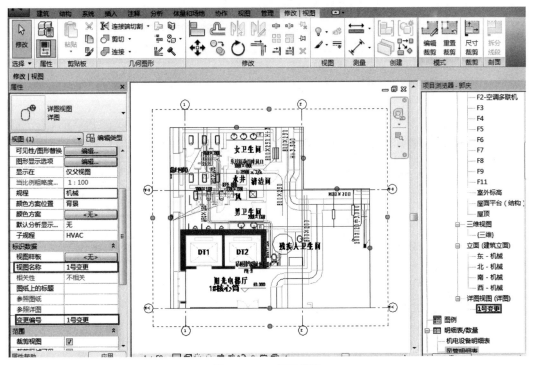

图 5.1.53 变更编号

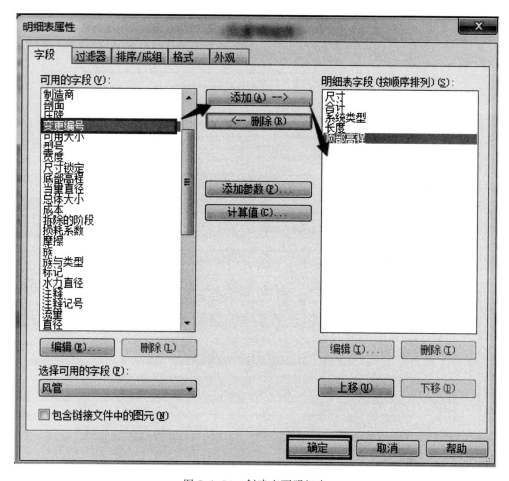

图 5.1.54　创建变更明细表

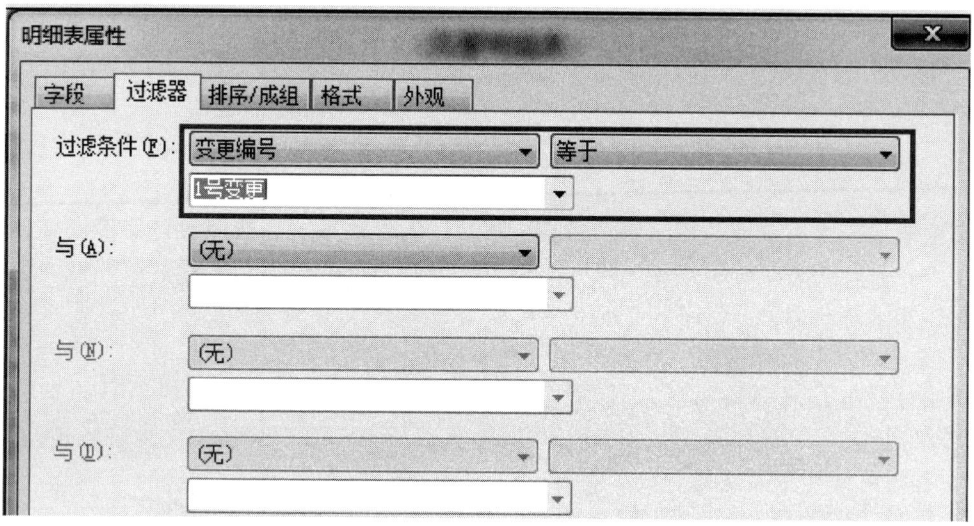

图 5.1.55　过滤器筛选出变更内容

查询变更明细时过滤器中输入过滤条件："变更编号"、"等于"、"1 号变更"，见图 5.1.55。程序按照过滤条件给出变更明细表，见图 5.1.56。

			⟨1号变更风管明细表⟩		
A	B	C	D	E	F
尺寸	合计	系统类型	长度	顶部高程	变更编号
100ø	1	排风	758	2735	1号变更
100ø	1	排风	698	2735	1号变更
100ø	1	排风	214	2690	1号变更
100ø	1	排风	200	2735	1号变更
100ø	1	排风	262	2690	1号变更
100ø: 5			2133		
250x160	1	排风	1420	2720	1号变更
250x160: 1			1420		
250x200	1	排风	818	2740	1号变更
250x200: 1			818		
400x250	1	排风	2080	2765	1号变更
400x250: 1			2080		
400x320	1	排风	7	2800	1号变更
400x320	1	排风	13	2800	1号变更
400x320: 2			19		
630x200	1	排风	1358	2600	1号变更
630x200: 1			1358		
800x250	1	排风	4365	2675	1号变更
800x250	1	排风	2397	2675	1号变更
800x250: 2			6761		
1000x320	1	排风	4800	2800	1号变更
1000x320: 1			4800		
排风: 14			19390		
120x120	1	补风	1687	3060	1号变更
120x120: 1			1687		
200x120	1	补风	6771	2750	1号变更
200x120: 1			6771		
补风: 2			8458		
总计: 16			27848		

图 5.1.56　变更明细表

5.2　管道系统

5.2.1　参数设置

在绘制给排水系统前，需了解"物理所项目"的管道系统，按照设计要求设置各系统参数要求：系统类型、管道类型、尺寸等设置。采暖系统的上、回水管和散热器的输入与本节给排水系统相似。

1. 设置项目的全局参数

单击【管理】>【项目信息】>【项目属性】，在项目属性中添加整体项目的基本信息（图 5.2.1）。

2. 系统类型和系统分类

单击【视图】>【用户界面】>【项目浏览器】，在项目浏览器中的【族】选项中，单击前面的【＋】，在其下拉列表中找到【管道系统】选项，见图 5.2.2。

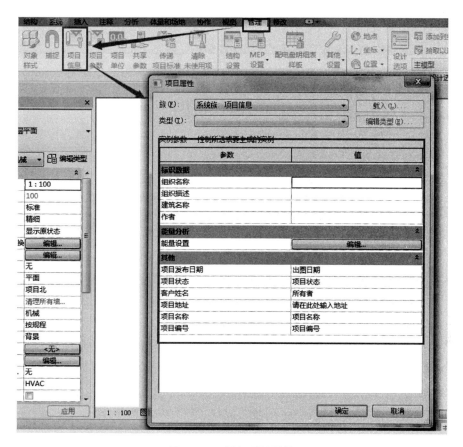

图 5.2.1 添加项目属性

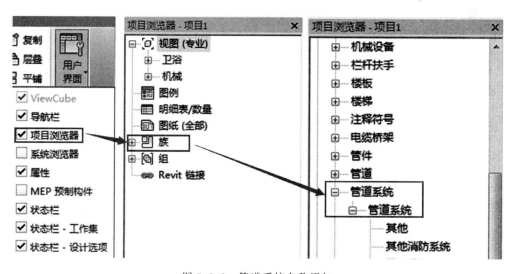

图 5.2.2 管道系统名称添加

（1）软件自带机械样板所创建的项目中，管道系统包含基础的几种系统名称，搭建模型的前期应按照所做项目设计要求建立全部的管道系统名称，选中一系统类型，单击右键复制原有系统，再使用"重命名"命令，创建所需要的新系统类型，见图 5.2.3。

图 5.2.3　管道系统重命名

（2）双击或者右击"类型属性"，在弹出的对话框中编辑管道系统类型属性，可在类型属性的对话框（图 5.2.4）中调整图形替换和材质，图形替换是更改管道图形的替换及管道的轮廓线颜色和线性，材质则是调整管道的材质属性，为渲染等其他工作做准备。

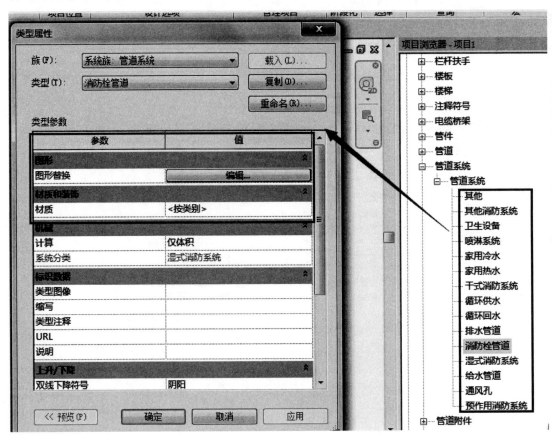

图 5.2.4　管道类型属性

3. 管道类型设置

根据项目管道系统设计图纸意图，了解项目所需要的各系统的管道类型，按照图纸创建符合设计要求的管道。

首先在项目中打开视图【属性】一栏，单击【视图】>【用户界面】>【属性】，见图5.2.5。绘制管道的属性栏中需要我们进行调整的参数，包括：水平对正、垂直对正、参照标高、偏移量、系统类型、管段和直径。

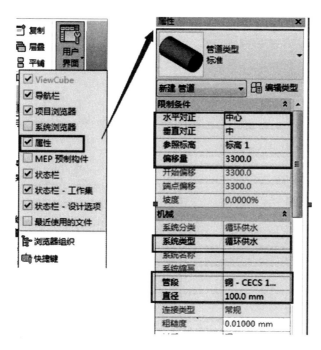

图 5.2.5　管道属性

"水平对正"和"垂直对正"命令的作用是：在不同管径的管道进行连接时，两段管道之间的相对位置（图 5.2.6）。

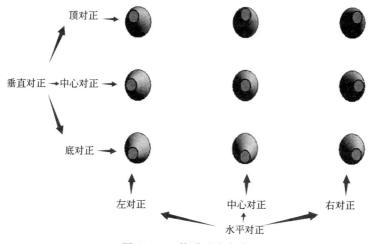

图 5.2.6　管道对齐方式

"参照标高"和"偏移量"定义整个管道的高程值，其中"偏移量"是相对参照标高设定的。"系统类型"表示该管道的系统，是区分管道之间参数的最重要数据，也是建立管道过滤器最常用的属性。因此，在绘制管道之前一定要根据设计要求设定好该管道的系统类型。"管段"命令是区分不同材质管道的属性，主要作用是定义各种材质的管道最大和最小尺寸的区间，配合实际施工中的使用选择。

（1）用"类型属性"中的【复制】命令，添加物理所项目所需要的管道类型，并按照设计图纸要求，设置管道的自动布管系统配置（见图 5.2.7）。

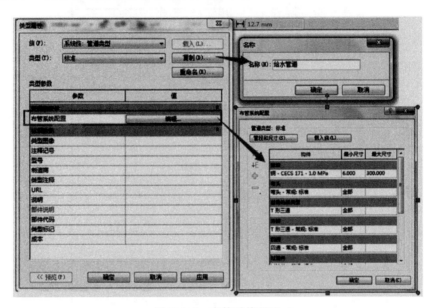

图 5.2.7　布管系统配置

（2）设置布管系统配置的时候，如果项目中没有需要的族文件，则可以点击"载入族"并按照以下路径查找需要的管道类型，见图 5.2.8。

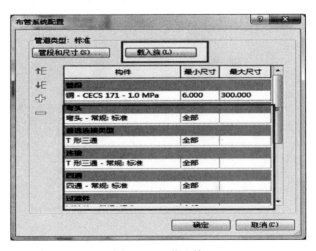

图 5.2.8　载入族

在设置"布管系统配置"参数前一定要认真熟悉设计图纸，明确设计师的意图，按照系统设计要求设置。

4．管段和尺寸列表

管段是指在管道属性栏中的相同材质的管道，管段参数限定了管段的尺寸范围。尺寸列表罗列了在绘制管道的状态栏里的尺寸列表的参数。

在 Revit 中，更改管段和尺寸列表，操作"参见 5.1.1 参数设置"中的"风管尺寸"中的内容。

将所需的管道尺寸都添加到列表后，在其管道的"直径"列表中就可以看到在"机械设置"中添加的管道尺寸了。直径的下拉菜单中也是可以直接输入数值绘制相对应的管径，但是只能使用一次，并不会留存于列表当中；如需要重复使用的尺寸还是需要加入尺寸列表中，见图 5.2.9。

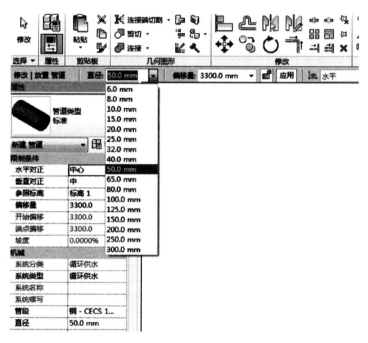

图 5.2.9　尺寸添加

管道系统的基本参数设置是每个项目开始前最重要的环节，熟悉设计意图和设计方案确定参数设置，将会给管道系统建模打下良好的基础。

5.2.2　管线、管件绘制

给排水专业在 BIM 模型搭建的过程中主要绘制的构件包括管道、管件、管路附件、软管和各系统中的装置，Revit 中给排水专业相关的功能区域位置为"系统"选项卡中，"卫浴和管道"一栏，其中包括的绘制命令有："管道"、"管道占位符"、"平行管道"、"管件"、"管路附件"、"软管"、"卫浴装置"和"喷头"（见图 5.2.10）。

1．管道模型的搭建

（1）CAD 图纸的使用

在施工阶段对模型进行搭建就需要将设计院提供的 CAD 图纸进行整理，按类别归类

图 5.2.10　卫浴和管道

总结，达到可以使用的效果。其中包括将图纸中的无用图层进行隐藏或者删除，将整体的图纸单独保存为每层图纸，调整各层图纸的坐标原点等操作。

根据项目要求，使用"插入"选项卡中的链接 CAD 或导入 CAD 命令在相对应的图层平面链接或导入 CAD 图纸，并调整好设置。

其中：

"颜色"栏分为反选、保留和黑白三种选择，其作用是调整 CAD 图纸中线的颜色。

"图层/标高"栏分为全部、可见和指定三种选择，其作用是调整在 Revit 中显示的 CAD 图层。

"导入单位"中分为自动检测以及常用的长度单位，需要根据项目参数进行设定。本案例中采用毫米单位。

"定位"栏中选择 CAD 图纸与 Revit 图纸之间的相对应关系。

"放置于"栏是选择 CAD 图纸放置的标高平面。CAD 图纸与项目中设定好的轴网使用"对齐"命令（快捷键【AL】）对齐相应位置（见图 5.2.11）。

图 5.2.11　链接 CAD 格式文件

"锁定"命令（快捷键【PN】）锁定 CAD 图纸，确保图纸位置固定。

在项目中管理链接的 CAD 需进入"管理连接"命令（见图 5.2.12），其中可以使用重新载入、卸载、导入及删除命令。在相应的视图中打开"视图/可见性"其中"导入的类别"一栏中，可以看到相应的链接与导入的图纸，可以进行相应的打开关闭、半色调的调整和 CAD 相对应的图层之间的打开和关闭。

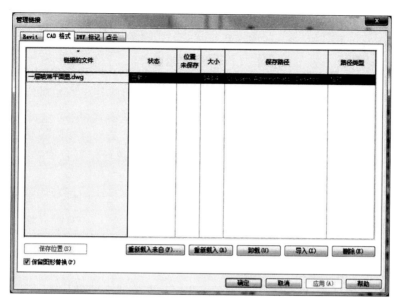

图 5.2.12　管理链接

下面以"物理所项目"图纸为依据，管道系统选取喷淋管道详细讲解管道和管件的绘制。

（2）管道的绘制

绘制管道模型使用"管道"命令（快捷键【PI】）。进入管道绘制命令后，出现修改放置管道的选项栏，并且同时在打开的属性栏中会出现正在绘制的管道属性（见图 5.2.13）。选项栏可以调整绘制的管道的尺寸及相对于参照标高的偏移量，属性栏中可以调整管道的对正方式、参照平面、偏移量、系统分类、管段、直径和其他的标识数据。

在开始绘制管道之前，首先要按照第一节参数设置中讲解的内容进行系统类型、管段以及默认连接件的设置，以满足整个管道系统模型的设计要求。

整个参数的预设和临时标高的调整在搭建模型过程中对各个系统起作用。

图 5.2.13　管道属性栏

根据链接进项目的 CAD 图纸中的"管道"路径进行管道绘制。绘制到管道变径或者标高变化位置时，在选项栏中调整管径和偏移量的数值，然后继续绘制，在这些位置软件会自动判定并生成管件。

在绘制管道的"修改"选项卡中（图 5.2.14），包含"对正"、"自动连接"、"继承高程"、"继承大小"等布置工具，使建模的过程中更加方便快捷。

其中：

图 5.2.14　修改管道选项卡

"对正"命令的作用是在管径不同的管道相连接时调整连接点的相对位置；

"自动连接"命令可将相同系统相同标高的接触管道连接在一起；

"继承高程"和"继承大小"命令是绘制与捕捉到的管道具有相同的高程和直径；

"添加垂直"和"更改坡度"命令是在不同高程的管道连接过程中，生成的连接管道是垂直管道还是倾斜管道；

"带坡度管道"选项卡中的命令可以禁用坡度或更改坡度方向以及坡度值；

"标记命令"在打开状态下，绘制管道会自动在管道上标记其管径等信息。

绘制过程中会遇到不同偏移值的两段管道相连接问题。绘制管道和拖动管道端点两种操作方式会改变其长度。延长一端管道长度使其捕捉到另一端管道的边缘线或中心线时停止绘制，如软件自动判定可以生成管件，则不同偏移值的管道就会连接在一起（图 5.2.15）。

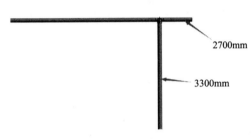

2700mm

3300mm

图 5.2.15　不同标高管道连接

提示：在软件里的管件在布管系统配置中设置完成，在绘制管道的过程中都会自动生成，管件的自动生成需要一定的空间。如果空间不足以生成管件时 Revit 就会提示出错误，无法生成连接。在建模过程中出现这种问题时需要确定是哪个具体位置的空间不足，适当的增加空间后再次绘制。

管道占位符命令的使用

系统选项卡中"管道占位符"命令是用单线表达管道的位置信息，具备管道的所有属性，并可以形成管道系统。其目的是提高显示速度，简化布置系统操作，类似设计中的草图。在完成系统优化确定方案后可以将符管道占位转换为带有管件的管道。

平行管道命令的使用

平行管道的作用是一次操作输入多根相同属性的平行管道。管道的排布分水平和竖直两种方向，如图 5.2.16 所示。

2. 管件的绘制

Revit 软件在管道系统的绘制中，大多数管件都是在绘制管道的过程中自动生成的。但在有些空间不足的位置就可以先绘制管件，然后据此输入管道的位置，这样输入方法避免空间不足现象发生。

不同类型管件之间可以相互转换

在建模过程中经常遇到管件类型需要改变的情况，如将弯头改成三通。遇到此类问题就会用到管件之间转换的功能。具体操作是：

点击需要转化的管件，在管件的未连接端会出现相对应方向上的"＋"符号。鼠标单

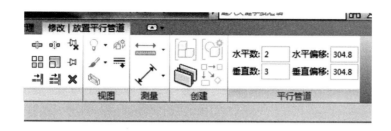

图 5.2.16　平行管道

击"＋"则会在对应的方向上生成三通的第三端。反之，选中一端未连接管件的三通，在其相应处会出现"－"符号。鼠标点击"－"该管件的相应端会消失变为弯头，见图 5.2.17。

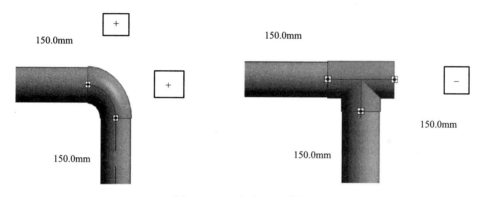

图 5.2.17　弯头三通转换

三通与四通之间也可相互转换。选中需要转换的管件，在相应方向上就会出现"＋"和"－"的符号，点击相应的符号就会出现三通与四通的转换，见图 5.2.18。

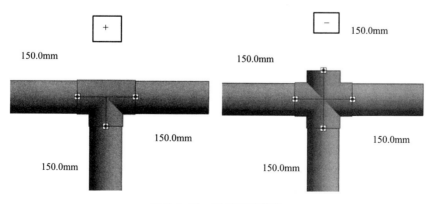

图 5.2.18　三通四通转换

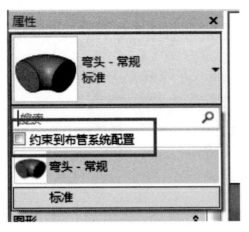

图 5.2.19 约束到布管系统配置

提示：三通转换为四通时需要三通的三个端口都与管道连接，选中管件后才会出现"十"，如有一端未连接，则不会出现；四通转换三通和三通转换成弯头的工程中，需要减掉的端口不能与管道相连接。

相同管件不同类型间的转换，例如不同类型的弯头之间的转换，选中需要变换的弯头，在属性栏中选择其他的族类型进行替换，还可以在族类型中将管件"约束到布管系统配置"中，见图 5.2.19。

管道与管件的绘制在 Revit 中是密不可分的，掌握管道的绘制方法，更多的使用软件中自动生成管件的功能，了解每一种管件生成所需要的空间，在每一次的模型搭建过程中积累管件生成条件的经验，勤加练习才能熟练掌握管道绘制的要点，加快建模的速度与精度。

5.2.3 设备布置

在管道系统的模型搭建过程中，机房是管道最为复杂的位置，每个机房里都有大量的设备，包括各种水泵、集水器、水箱、消火栓等，与机房中繁琐的管道路径相比，设备的绘制在 Revit 中则较为简单。

本小节中讲述卫浴和管道系统中的设备和卫浴装置以及喷淋系统中的喷头的绘制方法。

Revit 软件中，设备的绘制主要工作就是设备族的调用过程。在绘制整个系统之前都需要按照项目使用的设备清单进行项目族库的建立，利用软件的族功能，搭建每一个设备的族文件以备使用。

"系统"选项卡中管道系统的设备和卫浴装置以及喷淋喷头的命令有三个，见图 5.2.20。

图 5.2.20 设备命令

1. 机械设备的放置

机械设备中族文件都应该是项目中用到的机械设备，包含但不限于管道系统中的设备。在绘制的过程中，使用"机械设备"命令点选需要的族类型，设定相关的标高偏移值和其他族参数后在目标位置放置。放置之前点击"空格"键可以转变方向，见图 5.2.21。

以多级离心泵作为案例用族，将多级离心泵放置在图纸指定位置后利用族的管道连接

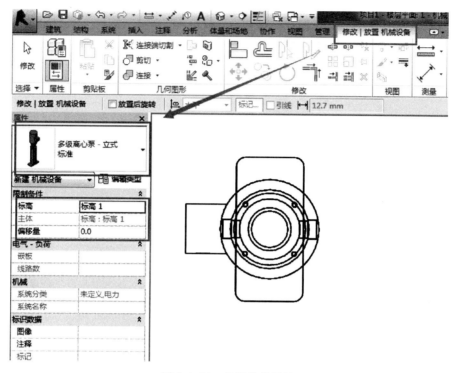

图 5.2.21 机械设备属性

件或使用"连接到"命令与已经绘制完成的管道进行连接。管道连接件会表明生成的管道默认的尺寸；电气连接件会显现相关的参数，见图 5.2.22。

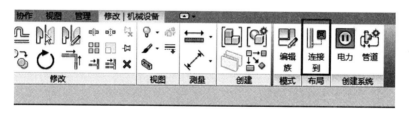

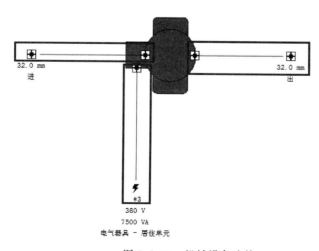

图 5.2.22 机械设备连接

2. 卫浴装置

"卫浴装置"一栏中默认放置的是卫生间和洗漱间内的装置，在 Revit 中自身的族库中在卫生器具文件夹"C：\ ProgramData \ Autodesk \ RVT 2016 \ Libraries \ China \ 机电 \ 卫生器具"中，见图 5.2.23。

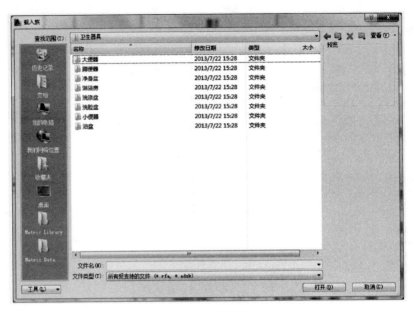

图 5.2.23　族的载入

族文件的使用方法与机械设备中的族使用方法一致，选择"卫浴装置"命令，选择需要的族文件，设定好参照标高和偏移量值和族参数，进行放置，见图 5.2.24。

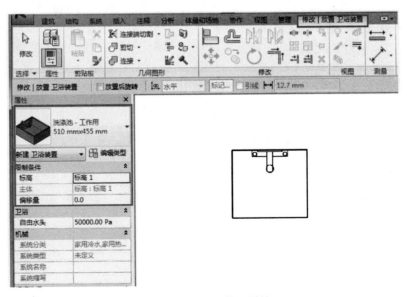

图 5.2.24　卫浴装置属性

放置到指定位置后，利用连接件或"连接到"命令与绘制完成的管道进行连接。

3. 喷头

喷淋管道是管道系统中相对较复杂的一项，整个喷淋模型搭建也比较繁琐。喷头一般与喷淋管道末端的支管一同绘制，这样可以降低整体的工作难度并节省建模时间。

喷头作为单独的一类族文件，其单独绘制的过程与机械设备和卫浴装置中的族相同，但是在实际的项目模型搭建过程中，单独绘制喷头的意义并不大，喷头与喷淋支管的共同绘制才是喷淋系统的重点。

下面采用"物理所"项目的一部分喷淋图纸详细讲解绘制过程。

在绘制喷淋系统之前，需要详细地浏览图纸，寻找各个喷淋支管中的规律性，降低工作强度，喷淋的支管绘制的过程中需要充分使用"复制"命令以及管道的自动连接。

通过观察图纸发现该支路的三个分支有相同的结构，可以通过复制功能进行绘制，见图 5.2.25。

绘制支管的管道，设定好管道参照标高、偏移值、管径、系统类型，按照图纸路径进行管道路径的绘制，

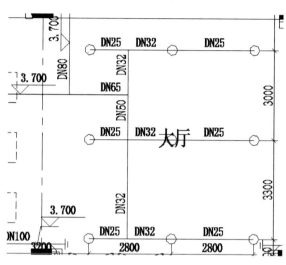

图 5.2.25　喷淋管道的绘制

在需要生成管件的位置需要预留一定的管道长度，预留的管道长度一般为管径较大的管道预留，见图 5.2.26。

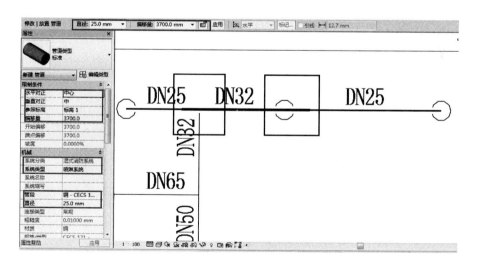

图 5.2.26　支管的绘制

通过喷头命令绘制需要的喷头，首先载入所需喷头的族，并且确定其喷头是上喷型还是下喷型，用来确定喷头偏移值的设定，见图 5.2.27。

将喷头的偏移值设定好数值，选择图纸中需要放置的位置，使其自动捕捉绘制的喷淋管道的中心线，点击完成放置，见图 5.2.28。

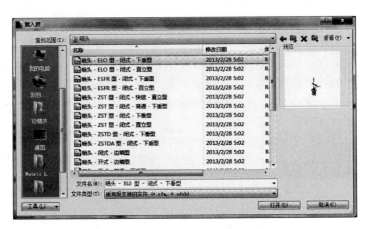

图 5.2.27   喷头族的载入

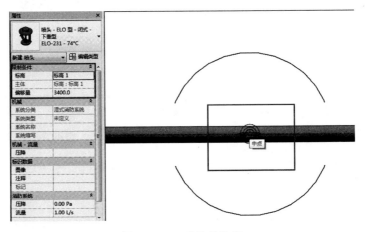

图 5.2.28   喷头的放置

选中喷头，使用"修改喷头"选项卡中的连接到的命令，见图 5.2.29。

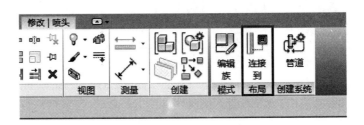

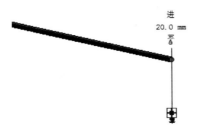

图 5.2.29   连接到命令

　　使用"连接到"命令点选该喷头需要连接的支管进行连接，依次将整个支管的喷头全部连接到支管上，见图 5.2.30。

　　整体的支管绘制完成后，需要使用复制（快捷键 CO）命令将其余相同支管进行创建，全部选择整个支管。可以用鼠标框选或使用 Tab 键选定支管。Tab 键选定是将鼠标放在需要选择的支管上，点击键盘 Tab 键，直至整个支路处于与选择状态，再点击鼠标选定，互相连接在一起的构件都会被选中，见图 5.2.31。

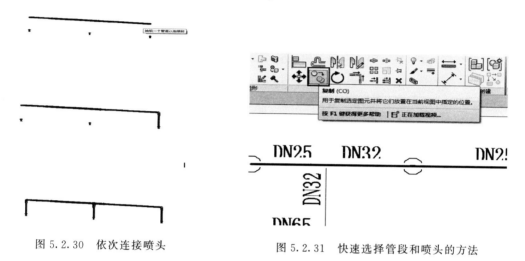

图 5.2.30　依次连接喷头　　　　　　　图 5.2.31　快速选择管段和喷头的方法

　　勾选复制选项栏中的多个，可以进行一次复制多次放置的使用，见图 5.2.32。

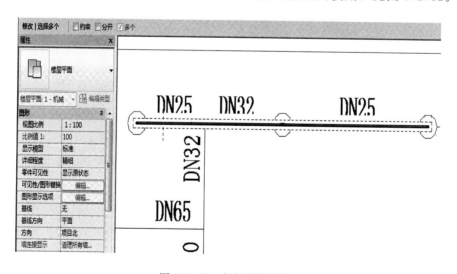

图 5.2.32　复制多次放置

　　选中被复制的支路的中心线作为参照线，再次选择图纸上需复制位置的管道路径线为目标线，点击放置复制支路，见图 5.2.33。

　　使用多个放置，继续将其他位置的支路放置在图纸指定位置，完成复制，见图 5.2.34。

　　绘制支管之间的连接管道，相同标高相同系统的管道在相交的情况下会自动生成管

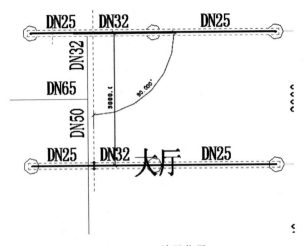

图 5.2.33　放置位置

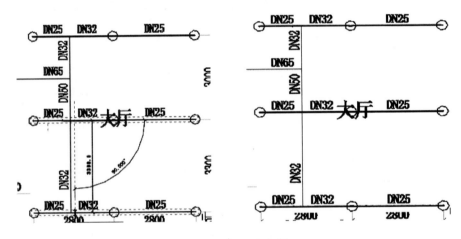

图 5.2.34　完成复制

件，在绘制的过程中需在管径较大的一端预留管件生成的位置，见图 5.2.35。

将所有的管道连接在一起，然后需要将之前预留的管件位置的多余管道进行调整，见图 5.2.36。

选择预留的管径较大的管道，直接在选项栏进行直径的修改，与其相连的小管径管道就会直接连接到管件，达到图纸的要求。同样的方法将整个支路的所有预留的管道全部修改完成，见图 5.2.37。

修改完成后，整片支路的绘制就完成了，见图 5.2.38。

同样的方法将其余部位的喷淋管道绘制完成，构成整个喷淋系统。

绘制整个项目的喷淋管道是一件重复而繁琐的工作，需要熟练掌握管件的自动生成规则，利用其重复规律进行绘制，是搭建喷淋管道的重要方法。

5.2.4　附件的添加

Revit 中管路附件都是以族的形式单独存在，可以直接在"管路附件"命令中调取使

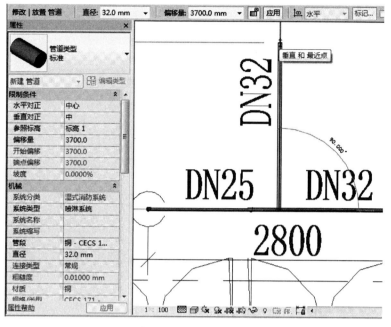

图 5.2.35　干管的连接

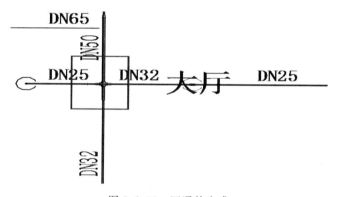

图 5.2.36　四通的生成

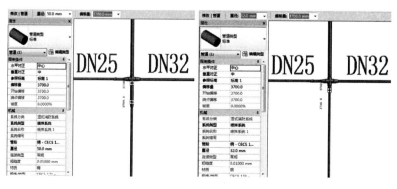

图 5.2.37　管道尺寸调整

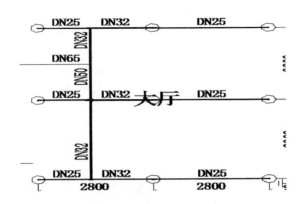

图 5.2.38 完成支路绘制

用。本文以闸阀为例讲解附件的放置和调整方法。

使用"管道附件"命令，选取需要放置的附件的族，选定其参数，捕捉管道的中心线见图 5.2.39。

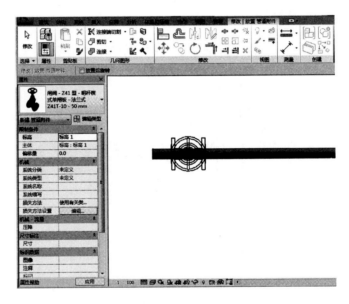

图 5.2.39 捕捉管道中心线

点击鼠标放置。附件自动布置到管道上并与管道连接。

提示：当管路附件放置在管道上，管路附件会自动捕捉管道的偏移值，并且会和管道的偏移值相关联，见图 5.2.40。

附件的参数不同相对应的表现的构件大小也不相同，放置附件的过程中需要提前选定好与管道尺寸相同的附件，见图 5.2.41。

如在族类型中没有需要的尺寸，则需要根据要求输入符合要求的族。操作如下：在【属性】-【编辑类型】-【复制】建立新类型，见图 5.2.42。然后在属性面板中编辑相应参数。在复制族类型的过程中，尽量使用变量参数作为名称，用来区别各个族文件，这样根据族名称就会选择出符合设计要求的附件类型。

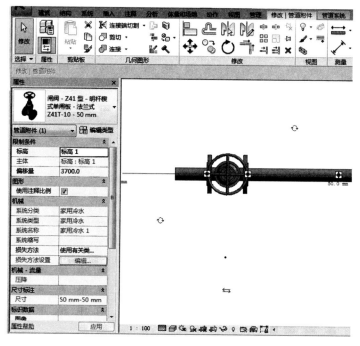

图 5.2.40　放置附件

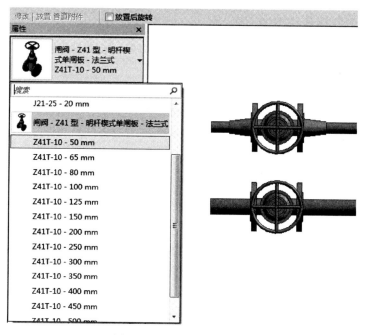

图 5.2.41　不同尺寸附件

5.2.5　管线标注

复杂的管道系统使得整个模型的参数不能全部标识出来。标高、偏移值等参数需要点

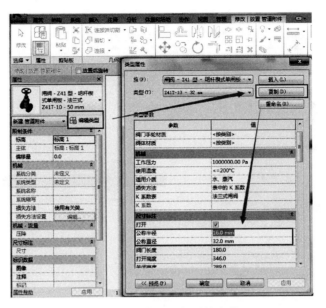

图 5.2.42　修改闸阀属性参数

击目标构件后才能看到。在 Revit 中的标注功能解决了这一问题，让参数一目了然。

常用的管道标注方式有三种，其中"在放置时进行标注"为伴随管道模型搭建进行的标注。在绘制管道的选项卡中会有此命令。激活此命令之后，所有绘制的管道都会按照设定好的标记方式进行标记，见图 5.2.43。

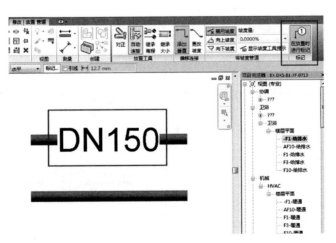

图 5.2.43　放置时标记

其他两种添加标注的方式则是在管道绘制完成之后进行的操作，命令位于"注释"选项卡中，见图 5.2.44。

"按类别标记"是对单个构件进行标注，在放置标注的过程中可以设定有无引线、引线长度以及引线的方向等，见图 5.2.45。

"全部标记"则是批量标记的功能，可以选择当前视图中的构件进行标记，也可以是在当前视图中已经选择的构件进行标注，还可以针对链接文件的构件选择是否进行标注。

图 5.2.44 完成后标记

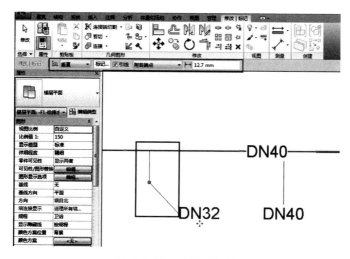

图 5.2.45 按类别标记

选择管道标记一栏,下拉菜单可以选择其他的管道标注类型,标注引线相关的设定,见图 5.2.46。

图 5.2.46 全部标记设置

管道标记的类型也是以族的形式存在，在族库中可以选择其他的管道标记族，见图 5.2.47。

图 5.2.47　选择标记族

全部设定完成之后点"确定"进行全部标记工作，见图 5.2.48。

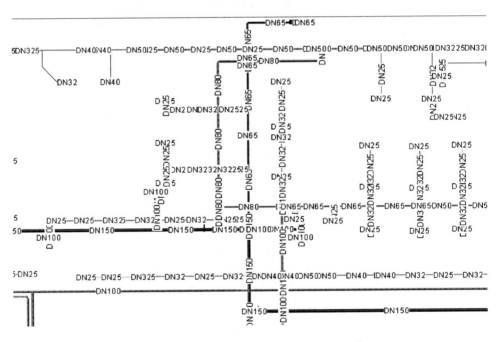

图 5.2.48　全部标记

提示：如果视图中构件较多，则标记过程会有些缓慢。

5.2.6　明细表

在 Revit 明细表可以直接方便地统计出整个模型中所有构件的数量和参数等信息，其操作过程较为简单。

点取【分析】选项卡中【明细表/数量】进入明细表的设定，见图 5.2.49。

图 5.2.49 设定明细表内容

"过滤器列表"中要选择"管道","类别"一栏中选择需要建立明细表的图元类别。管道系统中主要选择机械设备、管件、管道、管道附件等设备。在"名称"中输入便于与其他明细表区分的表名,点【确定】建立明细表。

在明细表属性中,【字段】选项卡调整明细表中的字段,将可用字段添加到明细表字段中,建立好的明细表就会按照字段顺序进行表格的建立,可以使用上移下移命令进行调整顺序,链接中的图元是否进行明细表统计也是在这个界面进行设置,见图 5.2.50。

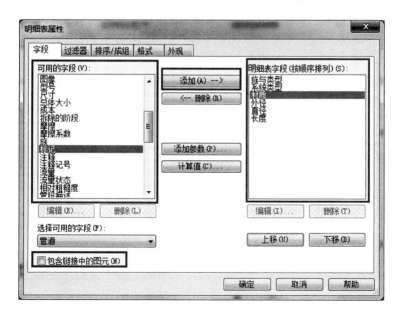

图 5.2.50 明细表属性

明细表的中的【过滤器】选项卡是根据明细表中的字段进行筛选，最终过滤出满足要求的数据，见图 5.2.51。（这里是根据正则表达式进行信息过滤，只统计满足表达式要求的数据。）

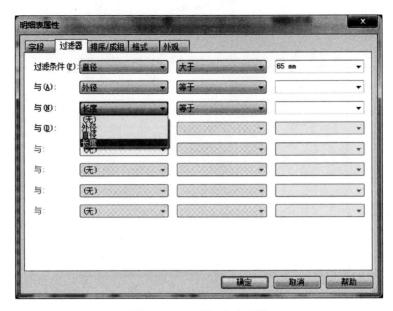

图 5.2.51　明细表过滤器

【排序/成组】选项卡是针对明细表中的字段进行排序分组。【格式】和【外观】选项卡则是调整明细表表格属性的选项集。

设定好所有明细表属性后点【确定】建立明细表。明细表界面可以进行行和列的调整，也可以在属性栏中进入字段、过滤器、排序、格式、外观等设置，见图 5.2.52。

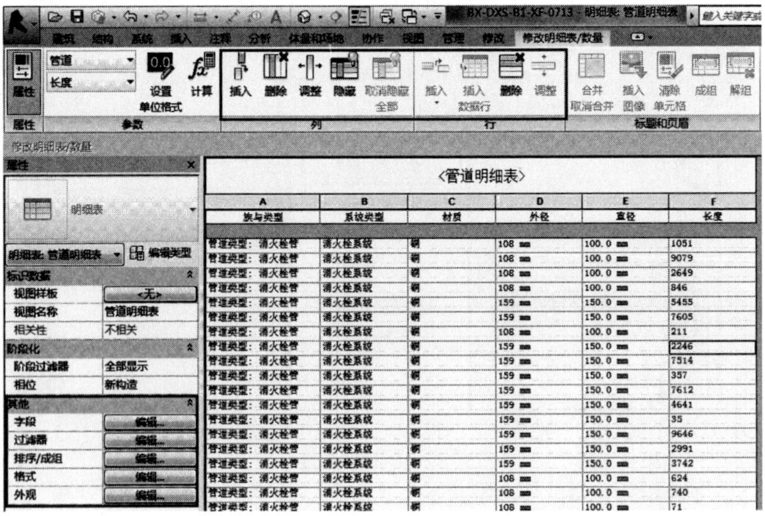

图 5.2.52　明细表界面

明细表建立完成之后，会在相对应的项目浏览器中"明细表/数量"一栏中出现，见图 5.2.53。

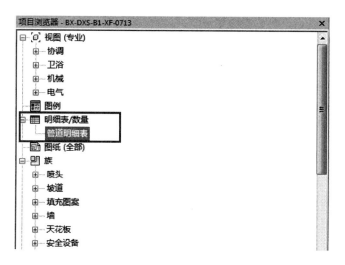

图 5.2.53　项目浏览器明细表

【修改明细表/数量】选项卡界面中-点击【应用程序主菜单】-【导出】-【报告】-【明细表】进行明细表导出，见图 5.2.54。

图 5.2.54　明细表导出

明细表可以统计模型中所有构件的信息，并且按照相应的规则进行排列显示，是工程量统计的强力助手。

5.2.7　系统颜色方案

Revit 软件中提供出管道和风管的系统颜色方案设置，可以定制系统中各设备的颜色。

在相应的楼层平面属性中，选择编辑"系统颜色方案"，见图 5.2.55。

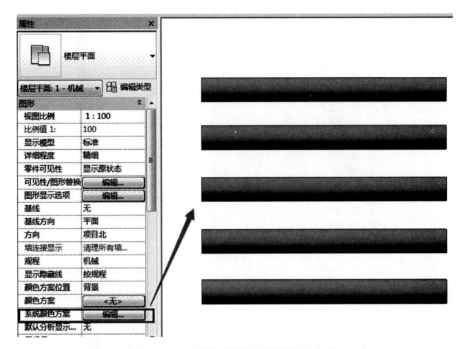

图 5.2.55　楼层平面属性系统颜色方案

进入到颜色方案选择界面，可以给予管道系统选择颜色方案，见图 5.2.56。

图 5.2.56　添加系统颜色方案

点击颜色方案下方按钮，进入到颜色方案编辑界面，进行颜色方案的设置。

本项目按照 2.1.2 节"颜色设置标准"要求设置颜色方案。选择已有的尺寸颜色填充，点击复制按钮，复制出"管道颜色填充-系统类型"见图5.2.57。

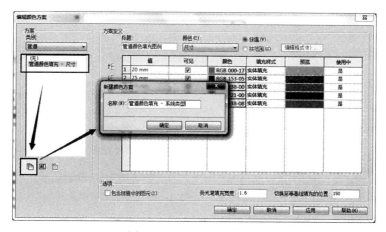

图 5.2.57 颜色方案复制

复制完成后，选择刚建立的系统类型填充方案进行方案定义，在颜色栏选择系统类型作为区分的属性，按照建模标准调整各个系统的颜色，见图5.2.58。

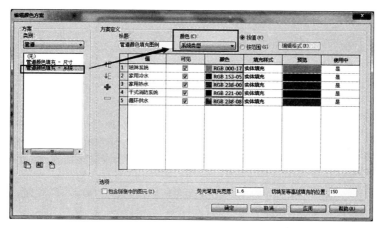

图 5.2.58 调整颜色

点取【应用】会弹出图5.2.59对话框，点击【确定】按钮生成新的颜色填充方案。

图 5.2.59 颜色方案确定

点击【应用】改颜色填充方案，在系统颜色方案中显示该颜色方案以应用，见图 5.2.60。

图 5.2.60　添加颜色方案

相对应的平面视图中的管道会出现相对应的颜色填充，见图 5.2.61。

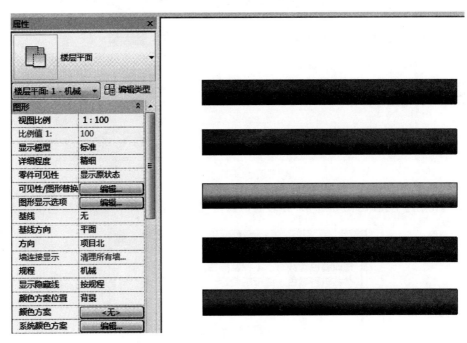

图 5.2.61　颜色方案添加完成

　　颜色填充方案可以生成相应平面视图的图例，【注释】选项卡中【管道图例】命令可以在添加了颜色填充之后进行图例的填充，见图 5.2.62。

　　系统颜色方案的填充使需要展示的效果一目了然，更加直观。

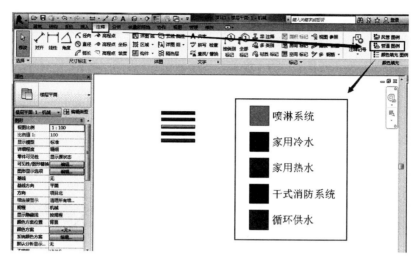

图 5.2.62　添加图例

5.3　电气专业

5.3.1　参数设置

本章介绍如何用 Revit 软件进行电缆桥架布置，照明、弱电系统以及配电系统的设计。针对电气设计建模工作要求，在绘制之前，要对项目文件进行如下准备和设置。

单击功能选项区【管理】>【MEP 设置】>【电气设置】，如图 5.3.1 所示。

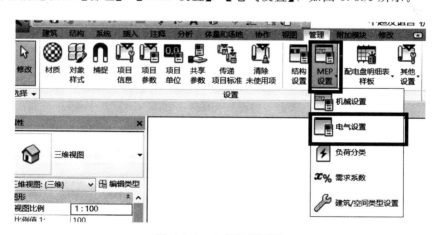

图 5.3.1　电气设置面板

一、电气参数设置

常规与角度设置

新建项目时要根据项目的情况，标准等设置一些常用的参数，如图 5.3.2 和图 5.3.3所示。

图 5.3.2　常规参数设置

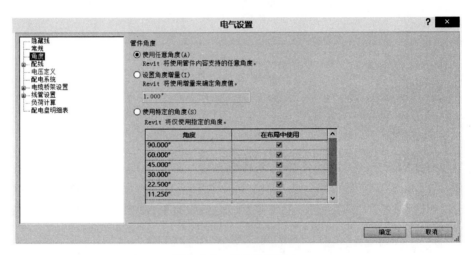

图 5.3.3　角度参数输入

设置完成后的参数显示在对应的电气配件属性栏，可通过标签的下拉菜单进行选择，如图 5.3.4、图 5.3.5 所示。

图 5.3.4　照明设备属性

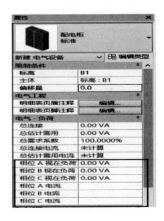

图 5.3.5　配电柜属性

配线参数设置

配线中的参数是针对导线的尺寸、计算、表现方式的设置，可根据具体情况进行预设，如图 5.3.6 所示。

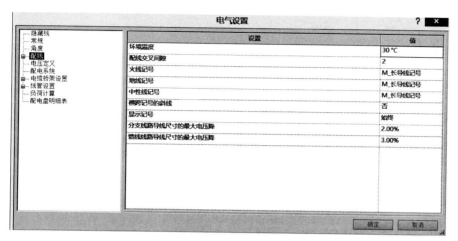

图 5.3.6　配线参数

电压定义与配电系统参数

• 电压定义

给出各电压的系统的额定电压（值）和峰值电压（最大、最小），见图 5.3.7。

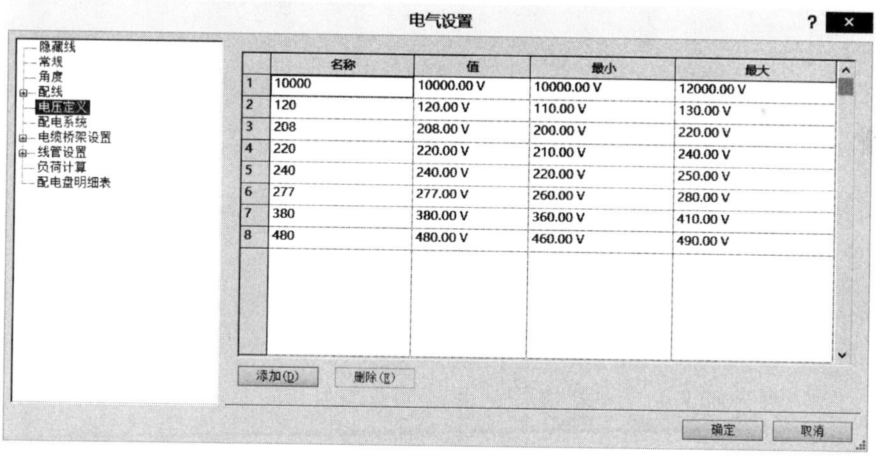

图 5.3.7　电压定义的参数

• 配电系统

输入各配电系统的相位、配置、导线、电压等参数。可自行添加和删除参数，见图 5.3.8。

负荷计算

电气设置中的负荷计算参数包括为用户指定"需求系数"与"负荷分类"。"需求系数"对话框可以设置需求系数类型和不同的计算方法，如图 5.3.9 所示。"负荷分类"可以设置负荷分类类型，选择需求系数和选择用于空间的负荷分类，如图 5.3.10 所示。

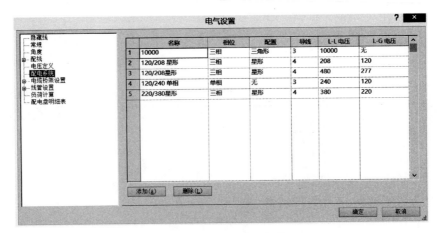

图 5.3.8　配电系统参数

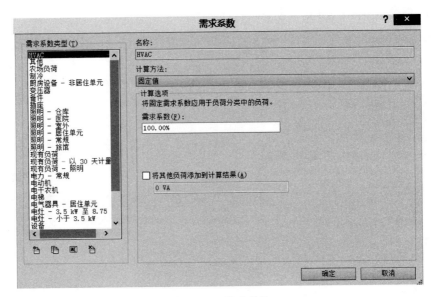

图 5.3.9　需求系数

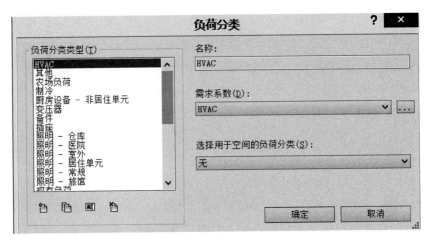

图 5.3.10　负荷分类

二、视图设置

单击功能选择区【视图】>【可见性图形】，模型类别过滤器列表中选择"电气"，对本专业中需要隐藏或者显示的族类别与构件进行设置，如图 5.3.11 所示。

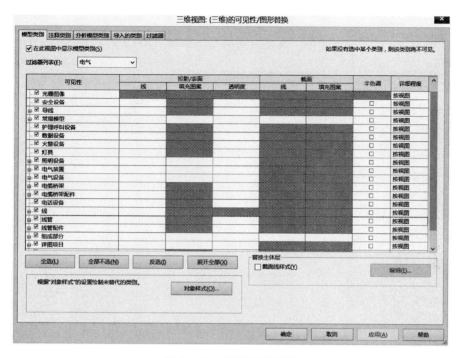

图 5.3.11 视图参数设置

三、载入电气族

在进行设计之前，需在项目中添加需要载入的电气族，各种电气设备等。同时也可在如图 5.3.12 所示的命令中插入自己创建的电气族，方法与其他载入族操作相似。

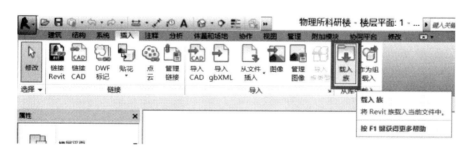

图 5.3.12 载入电气族

5.3.2 电缆桥架

电缆桥架是电气专业的重要组成部分，在施工阶段十分重要。在平面视图，立面视图，剖面视图和三维视图中均可绘制电缆桥架。

操作方法

单击功能选项区【系统】>【电气】中的"电缆桥架"，见图 5.3.13。

图 5.3.13　电气系统中的电缆桥架

如图 5.3.14 所示，设置宽度、高度、偏移量等参数，并绘制项目所需电缆桥架。

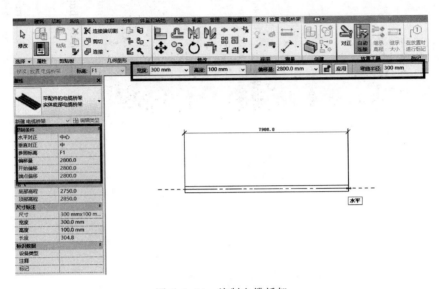

图 5.3.14　绘制电缆桥架

在绘图区单击左键绘制一段电缆桥架。绘制垂直电缆桥架时，在选项栏上改变将要绘制的下一段水平桥架的"偏移量"，就能自动连接出一段垂直桥架。

电缆桥架类型

选中要绘制的电缆桥架，在电缆桥架"属性"对话框中点击下拉菜单，见图 5.3.15，选择本项目所需要的电缆桥架类型，见图 5.3.16。

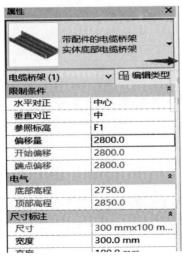

图 5.3.15　电缆桥架参数

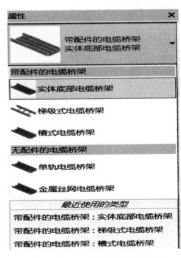

图 5.3.16　电缆桥架类型

带配件与不带配件的电缆桥架功能与形状是不同的，通过对比可以明显看出这两者的区别。绘制"带配件的电缆桥架"时，桥架与配件之间有分割线分为不同段，如图5.3.17所示。绘制"不带配件的电缆桥架"时，桥架之间交叉自动打断，而不插入任何配件，如图5.3.18所示。

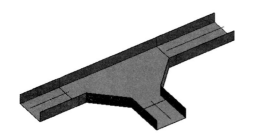

图5.3.17 带配件的电缆桥架节点

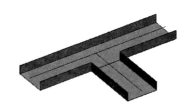

图5.3.18 不带配件的电缆桥架节点

电缆桥架的输入

电缆桥架的输入过程和风管、管道类似，项目开始时要设置好电缆桥架类型。

单击电缆桥架属性面板"编辑类型"或者在项目浏览器中，点开"族"，打开"电缆桥架"，在要编辑的类型上右键点开"类型属性"，见图5.3.19。

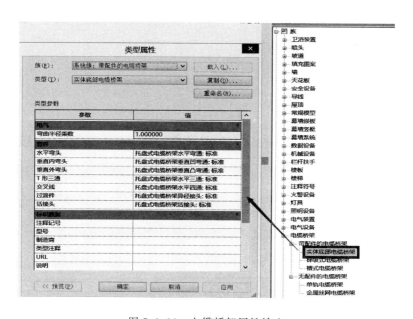

图5.3.19 电缆桥架属性输入

通过更改"管件"中的选项以改变在绘制过程中自动生成的节点配件，如图5.3.20所示。

另一种方法可以从外部插入电缆桥架配件的方式绘制节点连接配件。软件自带的电缆桥架配件族默认存放在图5.3.21的路径。

线管绘制

线管的基本绘制与电缆桥架基本相似，增加了平行线管功能，是根据已有线管，绘制出

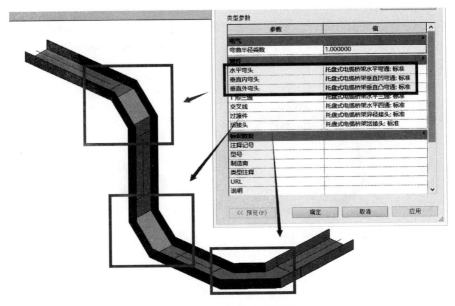

图 5.3.20　修改节点配件

图 5.3.21　软件自带电缆桥架配件族位置

与其水平或垂直的线管，如图 5.3.22 所示，通过"水平数""水平偏移"等参数来绘制。

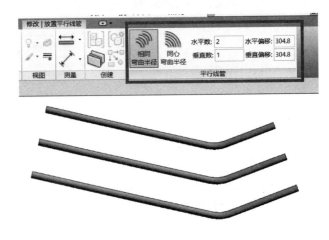

图 5.3.22　平行线管绘制

5.3.3 照明系统

1. 照明设备

在默认安装的情况下，照明设备存放在以下路径：

"C：\ ProgramDate \ Autodesk \ RVT2016 \ Libraries \ China \ 机电 \ 照明"。灯具文件夹内又分为室内、室外、特殊灯具。Revit 中灯具有多种不同的放置方式，部分灯具需要以墙、楼板或者天花板为主体才可以进行放置，如图 5.3.23 所示部分种类灯具。

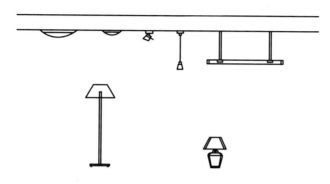

图 5.3.23　灯具示意图

对于照明灯具，还需要补充输入一些参数。如，选择合适的光源，根据产品样本设置参数值。这些都会影响最终的渲染效果。设置光源的具体方法：选中照明灯具并"编辑族"，选择"族类别和族参数"在"照明灯具"中勾选"光源"，如图 5.3.24 所示。然后在视图中点中"光源"，在上方菜单栏中单击"光源定义"。在光源定义中进行相应的设置，有点、线、矩形和圆形四种发光方式，以及球形、半球形、聚光灯和广域网四种分布方式，如图 5.3.25 所示。

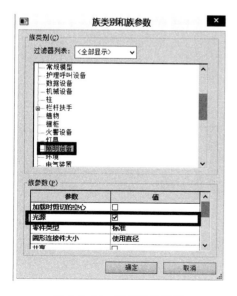

图 5.3.24　照明设备设置

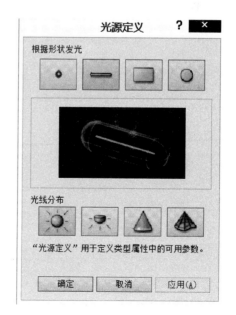

图 5.3.25　光源定义

选择不同的发光形状和光线分布方式，光域参数也会相应做出改变。光域参数的各项属性如图 5.3.26 所示。

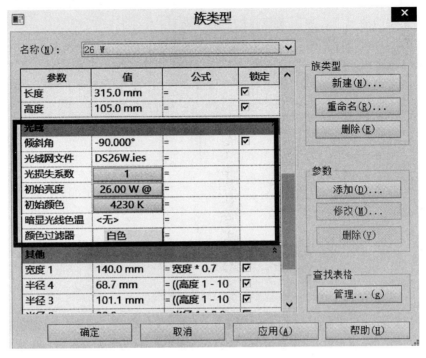

图 5.3.26　光域参数

（1）倾斜角：为光源中心线与安装水平面的夹角，如图 5.3.27 所示。

（2）光域网文件：此处制定 IES 文件。

（3）光损失系数：温度，压力等外部因素的参数，如图 5.3.28 所示。

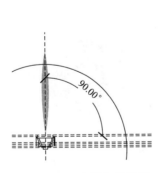

图 5.3.27　光源角度设置

图 5.3.28　光损失系数设置

（4）初始亮度：光源的光亮强度，见图 5.3.29。

（5）初始颜色：灯光的颜色及色温自定义设置，如图 5.3.30 所示。

（6）暗线光线色温与颜色过滤器：默认设置为"无"，"白色"。

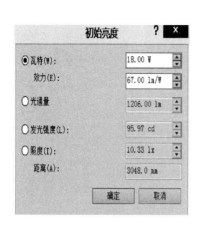

图 5.3.29　光源亮度设置

图 5.3.30　光源颜色与色温

2. 开关系统

当添加完照明设备之后，需要为照明设备添加开关，具体的步骤为：选中需要添加开关的灯具，选择上方工具栏菜单"开关"，点击"选择开关"，见图 5.3.31。点击"编辑开关系统"可添加开关控制的其他灯具，见图 5.3.32。

图 5.3.31　选择开关

图 5.3.32　编辑开关

5.3.4　配电系统

1. 放置电气设备

单击功能区"系统"选项卡，在电气面板中找到【电气设备】>【设备】>【照明设备】，根据需要插入的类型选择对应按钮，如图 5.3.33 所示。

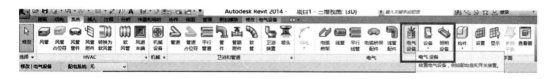

图 5.3.33　电气设备面板

以放置配电盘为例，设备可基于"面"或"工作平面"放置，见图 5.3.34。放置好的设备，可修改立面的偏移值以改变放置位置，也可在属性栏对配电盘的命名进行编辑，见图 5.3.35。

图 5.3.34　配电盘放置参照

图 5.3.35　配电盘属性

2. 创建配电系统

设备放置完毕后，开始创建系统，并将刚放置的配电盘与之相关联，具体步骤如图 5.3.36 所示。选中视图中的配电盘，在选项栏中"配电系统"的下拉菜单进行选择，定义配电系统。如果"配电系统"下拉菜单没有出现可供选择的配电系统，要检查配电盘的连接件设置的电压和级数，或在电气设置中添加与之匹配的"配电系统"。

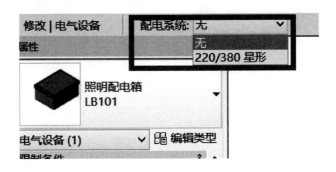

图 5.3.36　创建配电系统

创建回路时可选择区域内的插座与设备，点击功能区"电力"，选择"电路"选项卡，单击"选择配电盘"（配电盘需事先确定配电系统，否则无法选定）。选择完成后，线路的连接已经完成，视图中出现如图 5.3.37 所示的两种导线图标，点击图标可生成配线，如图 5.3.38 所示，图标中的导线分为"弧形导线"与"带倒角导线"，弧形导线一般用于墙板内隐藏的配线，带倒角导线一般用于表露在外的配线。

3. 系统分析

（1）电路属性

搭建好电路后，可从电路属性中查看线路的参数和信息，具体方法为选择线路中的一个构件，按

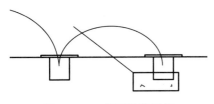

图 5.3.37　图面导线图标

"Tab"键直到出现虚线框，再次单击图元，此时整个电路都被选中，即可从属性栏中查看对应电路的属性信息。

（2）系统浏览器

系统浏览器可以快捷地查找创建的系统和系统中的构件，打开方法如下：点开上方功能选项卡【视图】>【用户界面】勾选"系统浏览器"，打开系统浏览器，如图 5.3.39所示。

图 5.3.38　转换成配线命令

图 5.3.39　勾选系统浏览器

（3）检查线路

软件自带了检查线路的功能，单击上方功能选项卡"分析"，检查系统中的"检查线路"，当弹出类似如下窗口，说明项目中还存在有未连接的设备，如图 5.3.40 所示。

图 5.3.40　检查线路警告

5.3.5　弱电系统

1. 弱电族

在默认安装的情况下，弱电族存放在："C：\ Program-Date \ Autodesk \ RVT2016 \ Libraries \ China \ 机电 \ 信息和通讯"文件夹下。其中有很多不同功能类型的弱电族，包括火警、通信安全、呼叫等设备。弱电族符号少数与国内符号有差别。可以对族进行修改使其满足国内设计要求。图 5.3.41 为部分弱电族符号。

图 5.3.41　弱电器件符号

2. 火警系统

载入火警设备族，设置好"火灾报警装置"、"感温感烟探测器"、"报警"等装置之后，可创建火警系统，具体方法与前文创建配电系统相似，步骤为：选中探测器以及各项装置，单击上方功能选项卡"修改"下的"火警"，如图 5.3.42 所示。

图 5.3.42 创建火警系统

单击"选择配电盘"，选择火灾报警控制器，与前文配电系统一样，导线的类型也分为弧形导线与带倒角导线，完成电路连接后，可使用"Tab"选择整个线路，检查线路的走向和完整性。

5.3.6 明细表

1. 电气明细表

用明细表来统计各类电气设施系统的数据，以电缆桥架和线管的长度和数量信息为例，具体方法如下：在上方"视图"选项卡下选择"明细表"，如图 5.3.43 所示。选择线管管路后如图 5.3.44 所示，对明细表需要的属性参数进行添加，添加完成后点击，可生成明细表如图 5.3.45 所示。

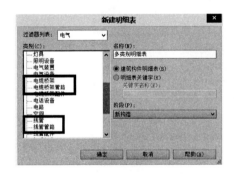

图 5.3.43 选择明细表

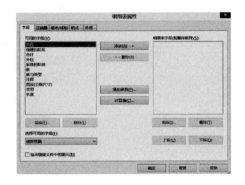

图 5.3.44 选择线管管路

〈线管管路明细表〉

A	B	C	D
族与类型	长度	外径	直径(公称尺寸
无配件的线管：刚性非金属线	2359	60 mm	53 mm
无配件的线管：刚性非金属线	2179	60 mm	53 mm
无配件的线管：刚性非金属线	2540	60 mm	53 mm
无配件的线管：刚性非金属线	2700	60 mm	53 mm
无配件的线管：刚性非金属线	3572	60 mm	53 mm

图 5.3.45 线管管路明细表

用"线管"与"线管管路"建立明细表的区别在于线管管路统计出的长度包含分支，

转弯的总长度，用线管统计出的长度不包含配件长度。

2. 配电盘明细表

Revit 软件自带配电盘明细表模板，如图 5.3.46 所示。可以按照自己的需要对模板各项信息进行调整。

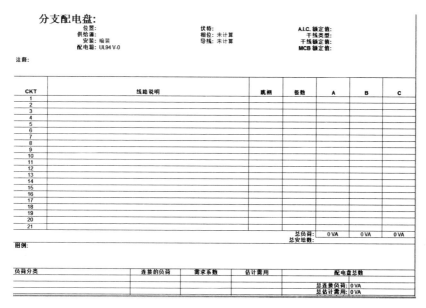

图 5.3.46　配电盘明细表

为项目设置配电盘明细表样板的方法为：单击上方功能选项区【管理】>【配电盘明细表样板】>【管理样板】，如图 5.3.47 所示，配电盘配置选择"单柱"（此处可根据需要自行设定），复制一个新的配电盘样板进行命名如图 5.3.48 所示。

图 5.3.47　配电盘管理样板

图 5.3.48　配电盘样板命名

点击【编辑】>【设置样板选项】，如图 5.3.49 所示。根据需要对样板选项中的参数进行调整，设置完成后选中"配电箱"，创建"配电盘明细表"，如图 5.3.50 所示，面板上已经有了经过调整的新的样板，见图 5.3.51。

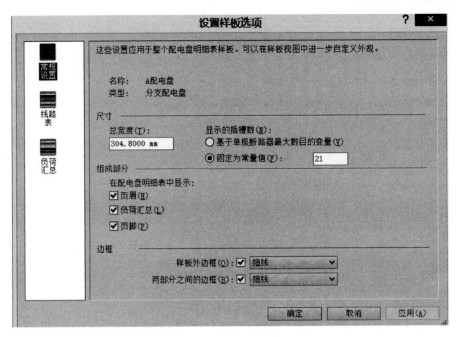

图 5.3.49 设置样板选项对话框

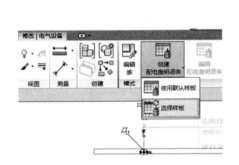

图 5.3.50 创建配电盘明细表

图 5.3.51 选择明细表样板

提　高　篇

第6章 工程应用

6.1 模型整合

通过各个专业人员对相关专业的模型搭建，最初的分专业 BIM 模型文件已建立完成。在进行其他的应用之前，需要将各专业的模型进行整合，整合在一起的全专业模型才是整个项目的信息集合体。

AutodeskRevit 软件中的模型整合功能，是利用成组链接功能实现的。使用"链接 Revit"命令之后，选择的文件就会自动成组进入被链接文件中。

【插入】选项卡-【链接 Revit】命令-选择链接文件，见图 6.1.1。

图 6.1.1　链接 Revit

BIM 模型都是具有三维信息的整体，在链接的过程中需要调整两个模型的定位点，其中包括"原点到原点"、"中心到中心"、"通过共享坐标"、"手动原点"、"手动基点"、"手动中心"共六种对位方式，根据建模设计的定位方式进行选择，本项目案例中参数设定的项目基点位置统一，直接使用原点到原点的定位方式，见图 6.1.2。

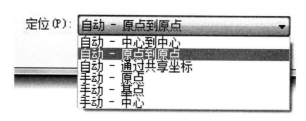

图 6.1.2　模型定位方式

选择好定位方式之后，选择打开模型，两个不同专业的模型就会被链接在一起，并且被链接文件是一个整体，不能选择单个图元，见图 6.1.3。

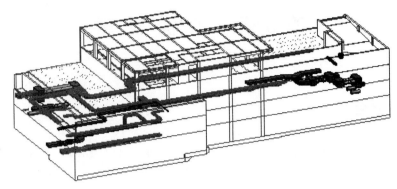

图 6.1.3　链接的模型

将链接模型与原模型合成一个整体，需要进行绑定链接的操作，选中链接文件-【修改RVT 链接】选项卡-【绑定链接】，见图 6.1.4。

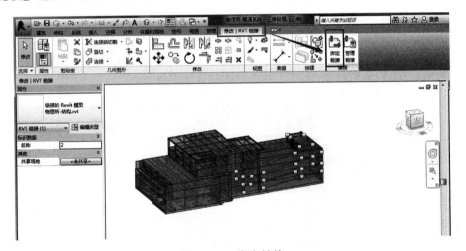

图 6.1.4　绑定链接

绑定链接会提示是否包含附着的详图以及标高轴网等信息，附着的详图为原文件中创建的详图，一般选择包含；标高和轴网如两个模型的一致则可以不勾选，见图 6.1.5，选择好之后绑定链接。

图 6.1.5　绑定链接选项

提示：绑定链接的过程中容易出现错误，导致此过程不可进行，遇到错误情况需按照错误提示更改链接的模型，然后再次链接，直到无错误为止。

绑定链接之后，链接文件与原文件已经成为一个整体的模型，不再是以链接的形式存在，但链接文件自成一组，见图 6.1.6。

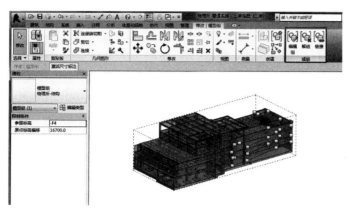

图 6.1.6 链接文件成组

解组链接文件：选中链接文件的组，使用解组命令将其组打开，这样之前两个不同专业的模型就整合在一起，见图 6.1.7。

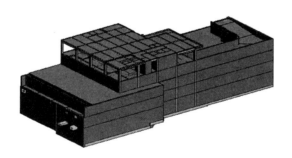

图 6.1.7 整合模型

提示：机电管线在链接解组的过程中会出现系统类型丢失的情况，合理选择链接顺序可以解决这一问题。

6.2 碰撞检查与管线综合

一、碰撞检查

选择图元

如仅需对当前项目中的部分或全部图元进行碰撞检测，可直接选取检测构件，点击【协作】>【碰撞检查】。如问题查找范围不限于当前文件，则需在运行"碰撞检查"前，先通过【插入】>【链接 Revit】将多份文件链接至一体（图 6.2.1）。

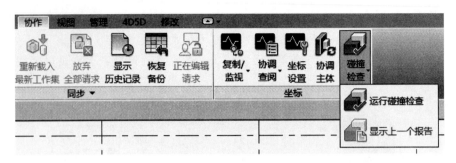

图 6.2.1　运行碰撞检查

运行碰撞检查

在"碰撞检查"下拉菜单中选择"运行碰撞检查",见图 6.2.1。弹出"碰撞检查"对话框,勾选需要检测的图元,图元可来自于"当前选择"、"当前项目"及"链接项目",见图 6.2.2。

注意:链接文件仅可与当前项目或当前选择中的图元完成碰撞检查,链接文件彼此之间不可进行碰撞检测。

碰撞报告

碰撞图元选定后,单击"碰撞检查"对话框下方【确定】,系统将自行检查碰撞问题。若为零碰撞,则将告知"未检测到冲突",否则将弹出图 6.2.3"冲突报告"对话框。在该对话框中将罗列冲突图元、管道类别、图元 id 等信息,以供查验。

图 6.2.2　碰撞检查范围设定

图 6.2.3　冲突报告

问题核查

在"冲突报告"对话框中选中图元名称,单击左下方【显示】,图元将在当前视图中高亮显示,以供核查。

冲突解决后,单击"冲突报告"中的【刷新】,报告结果将重新梳理,删除已解决问题。

注意:此处所做的刷新,仅重新核查对报告问题的修改情况,不重新运行碰撞检查。

报告导出

在"冲突报告"对话框中单击【导出】，弹出图6.2.4"将冲突报告导出为文件"对话框，设定保存路径、名称，【保存】退出。

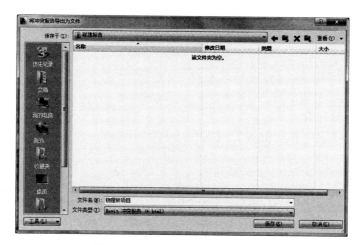

图6.2.4 将冲突报告导出为文件

报告查询

当需检查上一次报告结果时，单击"协作"-"碰撞检查"，下拉菜单选择"显示上一个报告"即可，见图6.2.5。

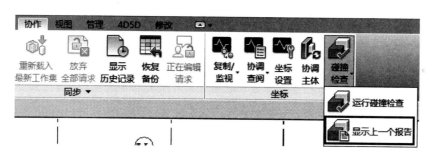

图6.2.5 碰撞报告查询

二、管线综合

以"原点对原点"方式链接各专业模型，依据碰撞报告完成图面调整：

· 因暖通专业管线较大，综合工作通常优先考虑暖通专业空间需求；

· 管线调整通用原则：小管让大管，有压让无压，具体避让原则还需根据相关规范及现场安装情况而定；

· 排烟管宜高于其他风管；

· 给排水管线较多时，不建议与空调管线并行；

· 桥架不宜处于水管正下方；

· 走道吊顶不可被管线满排，需留出足够的操作空间。

参阅设计、施工规范相应条款。

注意：本文内容对设计、施工规范未做详细论述，各专业工程师管综调整过程中需自

行翻阅相关规范，切不可随意更改原始设计方案、影响系统运行效果。因实际工程中各施工单位做法略有区别，管综工作除需兼顾上述内容外，还应征求施工现场各专业工长与设计人员意见，经签字确认后方可出图、指导施工。管综模型、图纸及签字后的修改意见审核表，需一并存档备查。

6.3　工程量统计

一、创建实例明细表

选择【分析】>【报告和明细表】>【明细表/数量】，点选需要统计的构件，设置"名称"、"阶段"，单击【确定】，见图 6.3.1。

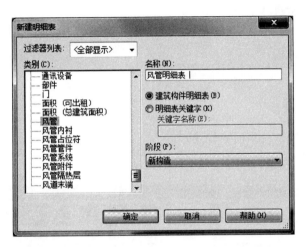

图 6.3.1　新建明细表

在"明细表属性"对话框中，选择统计"字段"，单击【添加】添置明细表列表，见图 6.3.2。

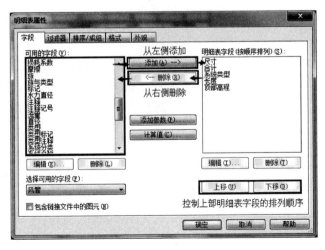

图 6.3.2　明细表字段设置

在"过滤器"选项卡中设置过滤条件，筛选统计图元，见图 6.3.3。

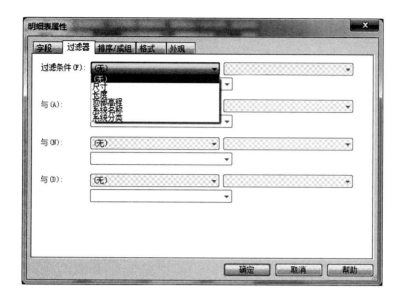

图 6.3.3 明细表过滤器设置

注意：可供筛选的元素与上一步"字段"选择相关。

在"排序/成组"选项卡中设置排序方式，见图 6.3.4。

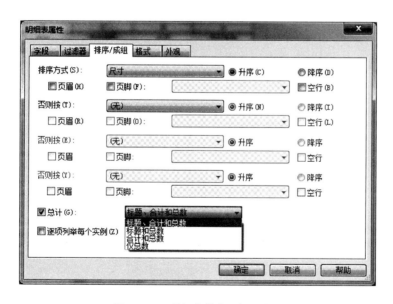

图 6.3.4 明细表排序/成组设置

在"格式"选项卡中设置标题名称、方向、对齐方式、字段格式。此处标题名称可以与字段不同。对于"长度"等参数可勾选【字段格式】>【计算总数】用以分类统计，见图 6.3.5。

在"外观"选项卡用于设置表格图形、文本文字等，单击【确定】（图 6.3.6），生成

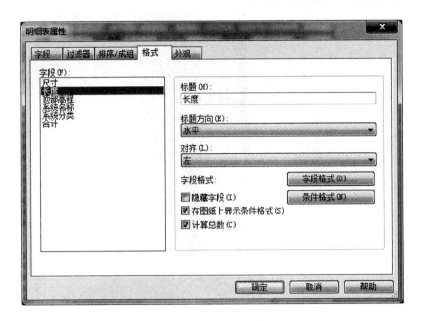

图 6.3.5　明细表格式设置

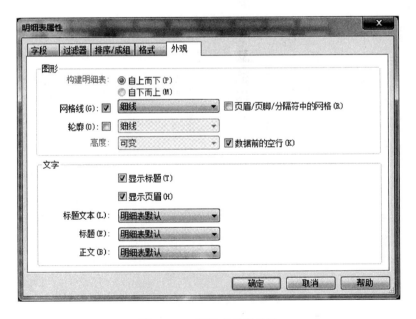

图 6.3.6　明细表外观设置

明细表，见图 6.3.7。

后期需要修改明细表时，可在【项目浏览器】>【明细表/数量】中选择并进入相应表单，在属性栏中完成对"字段"、"过滤器"、"排序/成组"、"格式"、"外观"进行新增、删减、调整。

二、明细表导入到 CAD 图纸

当需要在 CAD 中完成图纸说明时，可能会有将 RVT 明细表导入 CAD 的需求。此时

〈风管明细表〉

A	B	C	D
系统分类	尺寸	长度	合计
排风	100ø	4918	14
送风	120x120	13111	7
送风	200x120	39140	42
排风	200x160	8026	4
排风	250x120	4510	4
	250x160	135146	40
排风	250x200	26764	18
排风	250ø	942	1
送风	320x120	368293	72
送风	320x160	42387	8
排风	320x250	2213	1
排风	320x320	6640	17
排风	320ø	1800	1
送风	400x160	124470	19
送风	400x200	20448	2
排风	400x250	2080	1
排风	400x320	19	2
送风	400x800	80	1
送风	500x153	624	1
送风	500x160	166316	26
送风	500x200	51386	39

图 6.3.7　明细表

可采用如图 6.3.8 所示方法操作：在应用程序菜单中选择【导出】>【报告】>【明细表】，导出 .txt 文本文件。将文本内容复制至 excel 表格或直接修改文本文件扩展名为 ".xls"。

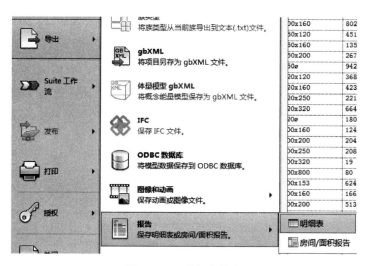

图 6.3.8　明细表导出

在 excel 界面中复制表格内容，进入 cad，选择【编辑】>【选择性粘贴】。弹出的"选择性粘贴"对话框中点取"AutoCAD 图元"（图 6.3.9），【确定】即可将表格放置于 CAD 绘图区。

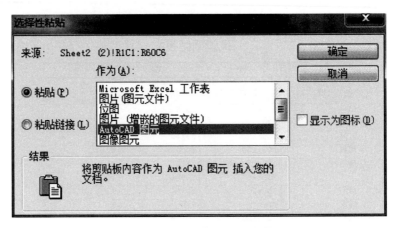

图 6.3.9　CAD 中明细表的选择性粘贴

注意：本步操作也可直接在 RVT 中导出含明细表的 DWG 图纸文件，后期编辑即可。

6.4　三维出图

6.4.1　平面图

一、详细程度

在建筑、结构、机电的图纸表达中，不同的图纸绘图比例是有所区别的，一般平面图按 1：100 绘制，详图按 1：20 至 1：50 绘制。在上述绘图比例尺下图纸基本能表达清楚。

在楼层平面属性栏或绘图区左下方视图控制栏中，有"详细程度"选项，见图 6.4.1。其下拉菜单提供"粗略"、"中等"和"精细"三种模式。通过预定义，可在不同视图比例下区分表达构件信息。

图 6.4.1　属性栏详细程度设置

也可在绘图区下方选择绘图的"详细程度",见图6.4.2。

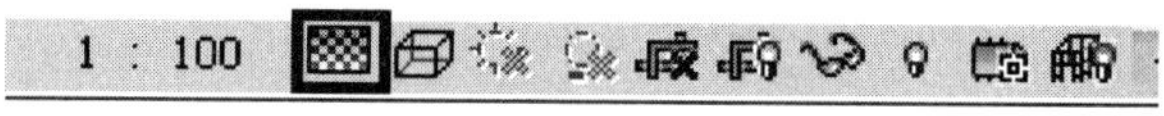

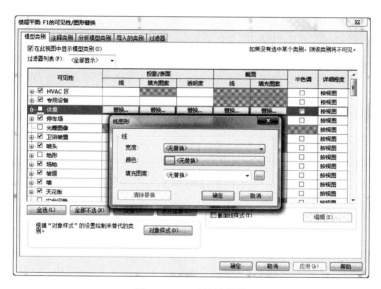

图6.4.2 绘图区详细程度设置

二、可见性替换

以机电专业为例,当多系统管线绘制于同一文件但需单独出图时,需要控制不同系统的显示状态,可通过"可见性/图形替换"功能加以完成。

在视图属性栏可见性/图形替换一项单击【编辑】,或通过快捷键"VV/VG"进入"楼层平面:F1的可见性/图形替换"对话框,见图6.4.3。

图6.4.3 可见性替换

对话框可见性一栏控制各构件的显示状态,勾选即为可见,取消则为隐藏。

构件表现形式可在"投影/表面"、"截面"内进行调整,内容包含宽度、颜色、填充图案、半色调、透明等。已做修改的构件,单元格会显示图形预览;未做变化的构件,单元格显示为空白,图元按照"对象样式"对话框中制定的内容显示。

"注释类别"选项卡用于控制注释构件的可见性及样式。

"导入的类别"选项卡控制导入对象的可见性、填充、色调。绘图过程中各层CAD底图的显示可利用该功能加以管控。

三、过滤器

通过过滤器,完成图面构件筛选。

点击【视图】>【可见性/图形替换】>【过滤器】,或快捷键"VV/VG"进入过滤器,见图6.4.4。

单击【新建】创建新的过滤器"机械-送风",或单击【编辑】进入已有过滤器编辑界面。

在"类别"列表框中选择过滤器所要包含的一个或多个类别,如对风系统的筛选通常包括风管、风管内衬、风管管件、风管附件、风管隔热层、风管末端。

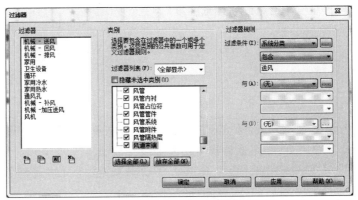

图 6.4.4　过滤规则设置

在"过滤器规则"中设置过滤条件参数，即欲通过何种参数筛选构件，此处以送风系统为例，可选择【系统分类】>【包含】>【送风】，单击【确定】退出。

注：图 6.4.4 逻辑关系的含义为将"系统分类"包含"送风"一词的风管、风管内衬、风管管件、风管附件、风管隔热层、风管末端统一归为过滤器"机械-送风"所属。

在"过滤器"选项卡下单击【添加】，选择刚刚新建完成的"机械-送风"，即可控制该过滤器所含内容的可见性及表现形式等。

四、图形显示选项

在属性栏"图形显示选项"一项单击【编辑】，或在视图平面激活状态下单击绘图区左下方视图控制栏中的"图形显示选项"，可在"线框"、"隐藏线"、"着色"、"一致的颜色"、"真实"等选项中切换，见图 6.4.5。

五、基线

基线是绘图的参照线或参照面。

以采暖系统的绘制为例，对于散热器位于本层地面、主干管位于下层吊顶的情况，建模或出图时需在本层看到下一层的干管，此时需调整"基线"。在视图属性栏-基线一项中，下拉菜单切换设置（图 6.4.6）。

图 6.4.5　图形显示选项

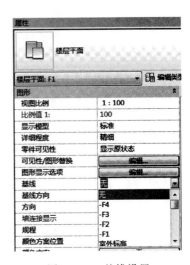

图 6.4.6　基线设置

同类问题，也可在下文所述"视图范围"一项加以调整。

六、视图范围

在视图属性栏-"视图范围"中单击【编辑】，进入视图范围对话框，图 6.4.7。在该处可完成对本层视图范围、深度的调整。这一方式相比于直接裁剪视图会更加精准。

图 6.4.7 视图范围设置

注意：默认情况下，视图深度与底面平齐。

七、视图样板

在【属性】>【视图样板】中可为各视图制定样板。适用于视图打印、导出前对输出结果的设定。在项目浏览器的图纸名称上单击鼠标右键，选择"应用样板属性"，对视图样板进行设置，见图 6.4.8。

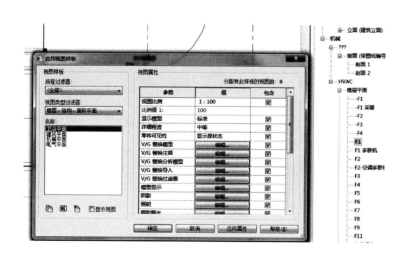

图 6.4.8 应用样板设置

6.4.2 立面图

一、创建立面

系统默认情况下含有东、南、西、北 4 个立面，可利用"立面"命令创建另外的内、外部立面视图。

单击【视图】>【创建】>【立面】，在光标尾部显示立面符号，将光标移动至合适位置放置，自动生成立面视图。

单击立面符号，将显示蓝色虚线表示的视图范围，拖动控制柄调整该范围。

二、创建框架立面

在项目中创建垂直于斜墙或斜工作平面的立面时，可创建一个框架立面辅助设计。

注意：视图中已有轴网或已命名的参照平面，才能添加框架立面视图。

选择【视图】＞【创建】＞【立面】＞【框架立面】，将框架立面符号垂直于选定的轴线或参照平面，并沿着要显示的视图方向单击放置，自动生成立面图。

三、创建平面区域

选择【视图】＞【创建】＞【平面视图】＞【平面区域】，在绘制面板中选择绘制方式，单击【图元】＞【平面区域属性】，打开属性对话框。在"视图范围"一项单击【编辑】，调整绘图区域内的视图范围，见图 6.4.9。

图 6.4.9　视图范围调整

6.4.3　剖面图

一、创建剖面视图

选择【视图】＞【创建】＞【剖面】，在"类型选择器"中选择"详图"、"建筑剖面"或"墙剖面"，见图 6.4.10。

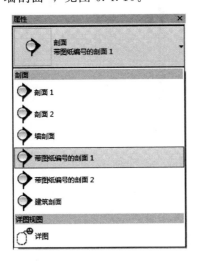

图 6.4.10　剖面创建

在选项栏中选择一个视图比例，将光标放置剖面起点处，拖动光标穿过模型或族，抵达剖面终点时单击鼠标，完成创建。

选择已绘制的剖面线，屏幕将显示蓝色虚线剖面框，按住拖动控制柄拖动虚线可调整视图宽度、深度。单击查看方向控制柄可以翻转视图查看方向。单击线段间隙符号，可在缝隙、连续剖面线样式之间完成切换，见图 6.4.11。

在项目浏览器中自动生成剖视图，双击图名进入该视图。修改剖面框的位置、范围、查看方向可实时更新剖视图。

二、创建阶梯剖面视图

绘制一条剖面线并将其选中，在"剖面"面板中点

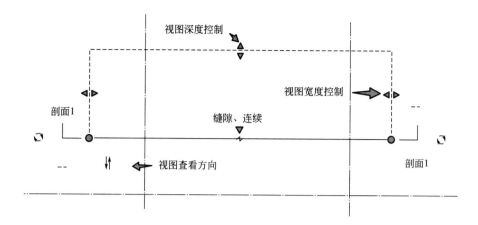

图 6.4.11 剖面编辑

选"拆分线段",在剖面线需要拆分的位置单击鼠标左键并移动至新位置,如此循环操作,自动生成阶梯剖面图。阶梯剖面转折部分线条的长度可直接拖动调整,线宽可通过【管理】>【设置】>【对象样式】>【注释对象】中的剖面线线宽设置工具修改完成,见图 6.4.12。

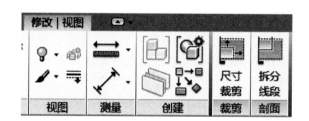

图 6.4.12 创建阶梯剖面

6.4.4 三维剖切图

1. 步骤一、创建轴侧图

从项目浏览器或"视图"选项卡中点取并进入"三维视图",单击 ViewCube 立方体顶角,或者将鼠标移至立方体并单击其左上角的主视图控制标志,选择适当角度创建三维轴测图,见图 6.4.13。

2. 步骤二、复制生成演示视图,激活并调整剖面框

复制步骤一生成的轴测图为新的演示视图,在视图属性对话框"范围"项中勾选"剖面框"。拖动剖面框上的蓝色三角夹点,调整剖面框范围及剖切位置,见图 6.4.14。

3. 步骤三、图面隐藏剖面框

待剖切位置与剖视范围调整完成后,隐藏剖面框以便出图。选择剖面框并单击鼠标右键,依次选取【在视图中隐藏】>【图元】。

图 6.4.13 ViewCube 立方体

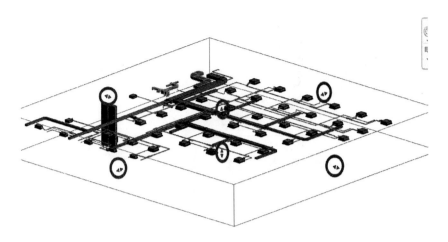

图 6.4.14　剖面框调整

6.4.5　透视图

一、创建透视图

在平面视图中选择【视图】>【创建】>【三维视图】，下拉菜单选择"相机"。

在选项栏中设置相机"偏移量"，用鼠标依次点取并确认相机位置点与目标点，自动生成并跳转至透视图。

点击视图裁剪区域蓝色方框，移动蓝色控制点调整视图范围，此操作用于粗调。如需精确调整视图框尺寸，可选择【修改│相机】>【裁剪】>【尺寸裁剪】，在弹出的对话框中进行设置，见图 6.4.15。

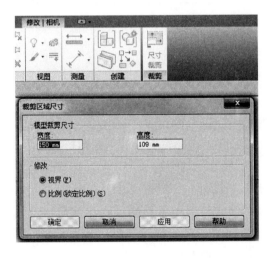

图 6.4.15　裁剪区域调整

二、修改相机位置、高度与目标

同时打开 F1 平面、立面、三维、透视视图，选择【视图】>【窗口】>【平铺】，或使用快捷键"WT"，平铺所有视图。

单击透视视图范围框，激活相机位置，各视图均显示相机和相机查看方向。

单击范围框，在属性对话框中修改"视点高度"、"目标高度"等参数值，或在平面、立面、三维视图中拖动相机、控制点，调整相机位置、高度、目标位置。

6.4.6 出图

一、图纸创建

图纸的创建可以采用占位符图纸和直接新建图纸两种方式。

1. 创建占位符图纸

点取【视图】>【明细表】>【图纸列表】，见图 6.4.16。

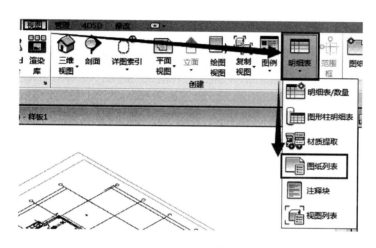

图 6.4.16 创建图纸列表

在"图纸列表属性"对话框中，对列表"字段"、"过滤器"、"排序/成组"、"格式"、"外观"等进行设置，见图 6.4.17。

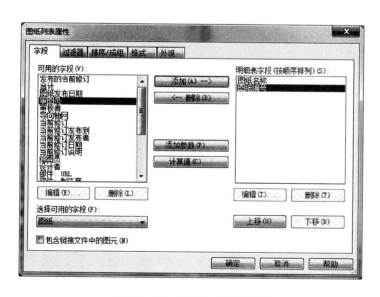

图 6.4.17 图纸列表字段编辑

生成图纸列表后，单击【修改明细表/数量】>【创建】>【新建图纸】，见图6.4.18。在弹出的图6.4.19"新建图纸对话框"中选择合适的标题栏，单击【确定】。

图 6.4.18　新建图纸

注意：采用该种方法生成的图纸，在"图纸列表"及【项目浏览器】>【图纸】中均有所显示。

点取【修改明细表/数量】>【行】>【插入】，在其下拉菜单中选择"数据行"。此时将在图纸列表中产生新图，图号自动延续，但该图在"项目浏览器"中不显示。

单击【修改明细表/数量】>【创建】>【新建图纸】，在弹出的对话框中将看到新建占位符图纸的信息，可直接点取应用，见图6.4.20。

图 6.4.19　选择标题栏和占位符图纸　　　　　　图 6.4.20　占位符图纸转化

注意：采用该方法，可于出图前期定制统一的图纸列表，后期直接调用，有效避免协同工作过程中的图纸信息交错。

2. 新建图纸

不采用占位符图纸命令，直接创建新图。

单击【视图】>【图纸组合】>【图纸】，选择标题栏，单击【确定】，图面将转至新图。此时系统将在【项目浏览器中】>【图纸】中自动添加该图纸信息。

在图纸属性栏中，完成对审核者、设计者、审图员等信息的录入，见图6.4.21。

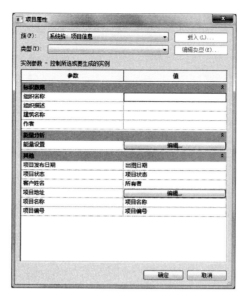

图 6.4.21 项目属性设置

单击【管理】>【设置】>【项目信息】，键入项目相关信息，单击【确定】。

3. 图例

创建图例视图

单击【视图】>【创建】>【图例】，下拉菜单选择"图例"，见图 6.4.22。随后将弹出新图例视图对话框，确立图例名称与比例，单击【确定】完成图例视图创建，图 6.4.23。

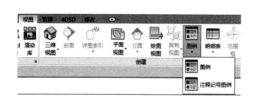

图 6.4.22 选择图例菜单

图 6.4.23 图例视图的参数输入

4. 图例构件选取

在图例视图中，单击【注释】>【详图】>【构件】创建视图构件，见图 6.4.24，下拉菜单选择"图例构件"，见图 6.4.25，设置选项栏信息，在视图中放置图例，见图 6.4.26。

5. 注释添加

利用【注释】>【文字】，添加注释说明，图 6.4.27。

二、视图布置

据工程需要，向图纸中添加平面视图、立面视图、剖面视图、三维视图、详图视图、图例视图、明细表等信息，并对多内容排列位置、名称等进行

图 6.4.24 创建图例视图构件

225

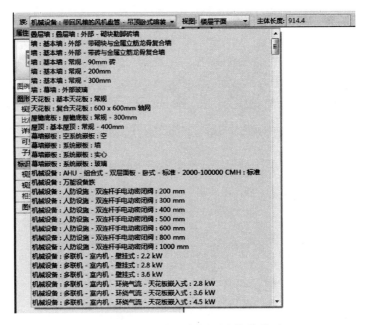

图 6.4.25　选择图例视图中构件类型

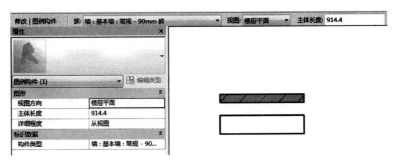

图 6.4.26　在图例视图中方式放置构件

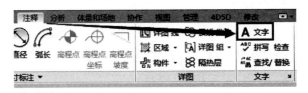

图 6.4.27　图例注释文字添加

设置。

添加视图

在项目浏览器中选取出图文件，如"楼层平面"-"F1"，按住鼠标左键拖动至"图纸"-"M101"，见图 6.4.28。

也可以在"项目浏览器"-"图纸"中选择相应图纸，点击鼠标右键，选择"添加视图"，见图 6.4.29。在弹出的视图对话框中，选择所要添加的视图，单击【在图纸中添加视图】完成操作。

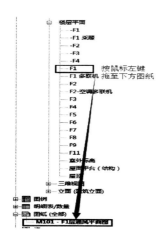

图 6.4.28 将楼层拖动至图纸

图 6.4.29 在图纸中添加视图

添加图名

在图纸属性栏中修改"图纸上的标题",将标题文字底线调整至合适长度。

图纸比例调整

平面图、系统图等的出图比例尺可能会是不同的。有时为了图面表达的需要,同一份视图的副本出现于其他图纸中时也会调整比例尺。此时,可在图纸中选择视图,点选【修改｜视图】>【视口】>【激活视图】,或在视图上单击鼠标右键选择"激活视图",见图 6.4.30。

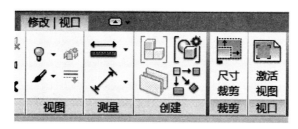

图 6.4.30 激活视图

视图激活后图框将灰显,绘图区左下方试图控制栏激活,在下拉菜单中选取比例或"自定义"输入。设置完成后,在视图中单击鼠标右键,选择"取消激活视图"即可。

用上述方法,可在同一张图纸中载入其他视图内容,但需注意的是每个视图仅可添加至一张图纸。若某一视图需隶属于多张图纸,可在项目浏览器中对该视图进行复制,创建视图副本,完成后续添加。

视图方向调整

有些局部视图的轴线并非保持水平或垂直方向,直接调入图纸不便于图面信息读取,此时可利用详图调整视图角度。将索引图放于图纸,激活视图,"旋转"索引框至适当角度,图面轴线随之调正。

注意：此操作仅更改图纸内的视图角度，不对原模型产生修改。

三、导出 DWG 文件

在"项目浏览器"-"图纸"中选择并打开图纸视图；

在应用程序菜单中选择"导出"-"CAD 格式"-"DWG"，弹出"DWG 导出"对话框，见图 6.4.31。单击"选择导出设置"右侧控制按钮，进入"修改 DWG/DWF 导出设置"对话框，完成对图层、线型、颜色等的设置，点【确定】退出，见图 6.4.32。

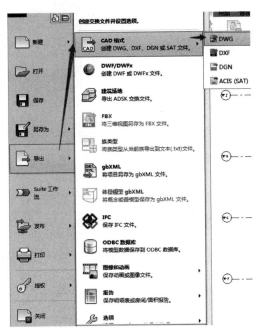

图 6.4.31　导出 DWG 文件

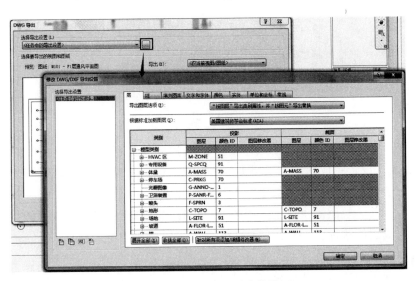

图 6.4.32　图纸导出时参数设置

在"DWG 导出"界面中单击【下一步】，设置保存路径、导出文件的版本及文件名称格式，见图6.4.33。

四、图纸打印

选择【应用程序菜单】>【打印】，会弹出操作系统打印对话框，见图6.4.34。

 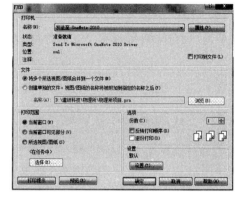

图6.4.33　指定导出文件路径　　　　　图6.4.34　打印机设置

单击"名称"后的【属性】，将弹出打印机"文档属性"对话框，可调整纸张"方向"。单击下方【高级】进入高级选项对话框，设定纸张规格，单击【确定】回至"打印"对话框界面。

在"打印范围"选项区内点选"所选视图/图纸"，单击【选择】进入"视图/图纸集"对话框，见图6.4.35。在下方"显示"栏中只保留"图纸"，勾选所要打印的图纸，单击【确定】回至"打印"界面。

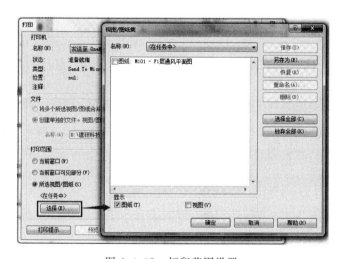

图6.4.35　打印范围设置

单击【确定】打印图纸。

6.5　复杂节点深化设计

深化设计是指在业主或设计顾问提供的条件图或原理图的基础上，结合施工现场实际情况，对图纸进行细化、补充和完善。在做深化设计时，已有的族已经不能满足要求，需要创建一些族，再将其与程序自带的族组合在一起。随着工程项目的积累，族库也不断完善、丰富，再进行类似的深化设计则可以借用以前项目的族库。

本节以劲性钢筋混凝土柱脚为实例，具体讲解 Revit 在节点深化设计的应用。

6.5.1　栓钉族创建

选用"基于面的公制常规模型"搭建栓钉族，使用拉伸命令完成栓钉 $d=22×100$，如图 6.5.1 所示。将完成后的栓钉载入到柱脚族中。

6.5.2　柱脚地锚螺栓创建

选用基于面的公制常规模型搭建柱脚地锚螺栓族，螺栓杆使用放样命令创建，螺栓帽使用用拉伸创建。创建完成的地锚螺栓如图 6.5.2 所示。将完成后的地锚螺栓载入到柱脚族中。

图 6.5.1　栓钉　　　　　　　　　　　　图 6.5.2　地锚螺栓

6.5.3　箍筋创建

选用"公制常规模型"族创建箍筋，添加参数如图 6.5.3 所示。完成后箍筋如图 6.5.4 所示，将完成后的箍筋族载入柱脚族中。

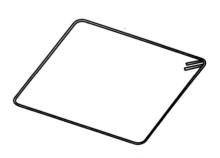

图 6.5.3　箍筋参数　　　　　　　　　　图 6.5.4　箍筋

6.5.4 创建纵筋族

选用公制常规模型族创建纵筋，添加参数如图 6.5.5 所示，完成后箍筋如图 6.5.6 所示。将完成后的纵筋族载入到柱脚族中。（在使用纵筋族时，如果是螺纹钢，要将上部的弯钩长度填 0。）

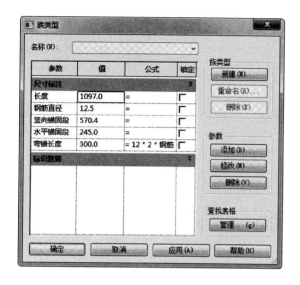

图 6.5.5 纵筋参数　　　　　　　图 6.5.6 纵筋

6.5.5 创建柱脚族

把处理好的"柱脚平面图"导入柱脚族中，选中所导入图纸，如图 6.5.7 所示。单击【属性】＞【编辑类型】，弹出"类型属性"对话框，在对话框中修改比例系数为 0.2，如图

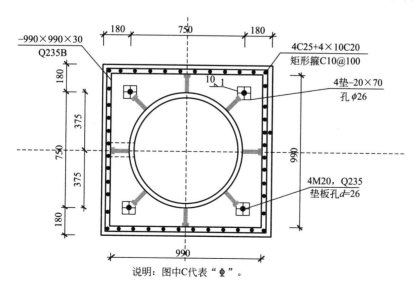

图6.5.7 导入的柱脚平面图

6.5.8 所示。

　　单击【项目浏览器】>【族】，显示已载入的族类型，包括柱脚锚栓、栓钉、箍筋、纵筋如图 6.5.9 所示。

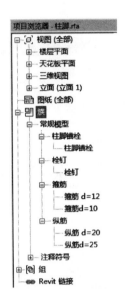

图 6.5.8　类型属性对话框　　　　图 6.5.9　项目浏览器中显示载入族

　　根据图纸确定栓钉及地锚螺栓位置，完成后如图 6.5.10 所示。布置箍筋及纵筋后，如图 6.5.11 所示。

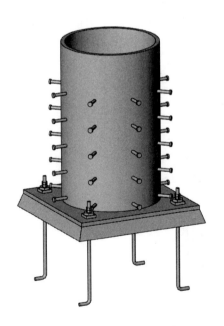

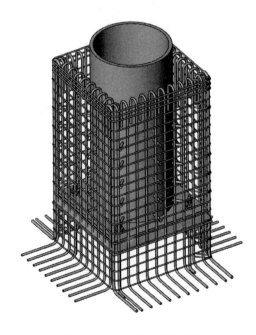

图 6.5.10　布置栓钉和地锚螺栓　　　　图 6.5.11　布置主筋和箍筋

6.6 模型数据的导入和导出

1. Revit 的基本文件格式

AutodeskRevit 中基本的文件格式有四种，包括"rte"、"rvt"、"rft"和"rfa"。

（1）＊.rte 格式文件

此格式文件为项目样板的文件格式，包含规范项目中单位、标注样式、线性等内容。为了避免重复设置此类数据导致的时间浪费，将设置好的内容保存为项目样板。

（2）＊.rvt 格式文件

Revit 中的项目文件格式，其中包含项目的模型、注释、视图、详图、图纸等项目信息。一般的项目文件都是通过＊.rte 格式样板文件建立，搭建完成模型之后保存＊.rvt 格式，此格式为 BIM 项目使用格式。

（3）＊.rft 格式文件

此格式为 Revit 外部族的样板文件格式。创建不同的构件族、注释符号族等需要选择不同的族样板文件。

（4）＊.rfa 格式文件

此格式为外部族文件格式，由族样板建立的族文件，所有的电气设备、机械设备、给排水设备、管道配件等族库文件都是以该文件格式存在。

2. 支持的其他文件格式

在现阶段 BIM 软件多样化的现状中，更多的接受其他文件的格式，实现多软件环境的协同工作，Revit 提供了"导入"、"链接"和"导出"工具，以下几种是经常使用的文件格式。

（1）CAD 格式：当导入或链接 DWG 文件时，Revit 将显示嵌套外部参照的几何图形但导入和链接的两种功能的使用还是有所不同。

导入 CAD：可将导入的 DWG 文件分解，但是如果导入后 DWG 文件更新，则 Revit 中图纸不会同步更新修改。

链接 CAD：不会将 DWG 文件分解，但是导入的文件有更新时，可同步更新。

（2）SKP 格式：SKP 是 SketchUp 的文件格式，SketchUp 是一种一般用途的建模和可视化工具。

（3）ACIS 格式：包含在 DWG、DXF 和 SAT 文件中，用于描述实体或经过修剪的表面。

（4）ADSK 格式：是一种基于 xml 的数据交换格式。它可以用于 Inventor、Revit、AutoCAD、Civil3D 等软件之间的数据交互。两种导入方式见图 6.6.1 和图 6.6.2。

（5）IFC 格式：IFC（Industry Foundation Classes）标准是 IAI（International Alliance of Interoperability）组织制定的建筑工程数据交换标准。IFC 标准在全球得到广泛应用和支持。

IFC 标准有以下三个特点：

① IFC 标准是面向建筑工程领域，主要是工业与民用建筑；

② IFC 标准是公开的，开放的；

③ IFC 是数据交换标准，用于异质系统交换和共享数据。

图 6.6.1　载入族对话框中导入

图 6.6.2　直接打开

（6）图片：可以导入 ∗.bmp、∗.png 等光栅图像，【插入】选项卡【图像】即可导入，【管理图像】中可以管理和删除，见图 6.6.3。

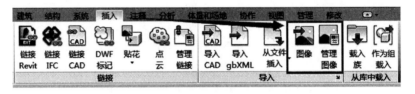

图 6.6.3　图像导入和管理

（7）gbXML 文件：其中 gb 是 Green Building 的缩写，XML 是 Extensible Markup Language 的缩写，绿色建筑可扩展的标记语言，其中包含了项目所有的建筑构件数据，见图 6.6.4。

图 6.6.4　gbXML 文件导入

3. 其他软件格式的导入导出

除了通过标准数据格式（如 IFC）外，不同软件之间的数据交换还可以通过加载读、写文件插件的方式来实现，如 PKPM 开发了针对 Revit2014 和 Revit2015 的读取 PKPM 中间数据的插件，见图 6.6.5。

（1）安装软件：双击图 6.6.5 中的相应文件后，在 Revit 中会出现【数据转换】>【PKPM 数据接口】。该接口插件只需要安装一次。

图 6.6.5 PKPM 提供的 Revit 插件

（2）PKPM 软件生成中间数据文件：在 PKPM 设计软件 P-TRANS 中选择 PKPM 转 Revit 接口造价软件或在 PKPM 工程量计算软件 STAT 中点取下拉菜单"生成中间数据"。

（3）在 Revit 中读取中间数据：在 Revit 中点取"PKPM 数据接口"命令，选择相应 的中间文件即可将 PM 数据转换为 Revit 数据。

在 PKPM 还开发了 Revit 导出 PKPM 数据插件，其操作更为简单：

（1）安装插件：第一次使用需要执行"RegRevit. exe"进行软件安装。然后在 Revit 中会出现【外部工具】>【Revit to STAT】。同样，该接口插件也只需要安装一次。

（2）导出数据：在使用时直接点取该命令就可将 Revit 模型转换为 PKPM 的工程量计 算程序 STAT 的模型。

目前行业中类似的插件软件有很多，其目的是将 Revit 模型用于其他工具软件中。

结　　语

　　BIM 技术在建筑工程领域的应用是多方面、多维度的，其发展方向、应用手段都在探索之中。本书仅介绍了最常见、最基本的建模手段和工程应用，对于初涉 BIM 领域的人应该有很大帮助。书中的方法和标准都是在大量工程应用中行之有效的，对读者的 BIM 工作开展都有借鉴意义。

　　Revit 软件本身在专业用词、术语等方面还处于不断本土化的过程当中，我们对软件以及专业的理解也有待不断提高，不足之处敬请指导！

参 考 文 献

［1］　http：//www. autodesk. com. cn/adsk/servlet/pc/index？ siteID＝1170359&id＝19584484

［2］　http：//www. autodesk. com. cn/adsk/servlet/pc/index？ siteID＝1170359&id＝15160355